数字匠人

U0310691

Arduino Adventures
Escape from Gemini Station

Arduino奇妙之旅
智能车趣味制作天龙八步

〔美〕 James Floyd Kelly　Harold Timmis 著　程 晨 译

机械工业出版社
China Machine Press

图书在版编目（CIP）数据

Arduino奇妙之旅：智能车趣味制作天龙八步/（美）凯莉（Kelly, J. F.）等著；程晨译.
—北京：机械工业出版社，2014.5
（电子与嵌入式系统设计丛书）

书名原文：Arduino Adventures: Escape from Gemini Station

ISBN 978-7-111-46542-3

I. A…　II.① 凯…　② 程…　III. 单片微型计算机　IV. TP368.1

中国版本图书馆CIP数据核字(2014)第083193号

Arduino奇妙之旅：智能车趣味制作天龙八步

[美]　James Floyd Kelly　等著

出版发行：机械工业出版社（北京市西城区百万庄大街22号　邮政编码：100037）

责任编辑：秦　健　　　　　　　　　　　　　责任校对：殷　虹
印　　刷：北京市荣盛彩色印刷有限公司　　　版　　次：2014年5月第1版第1次印刷
开　　本：186mm×240mm　1/16　　　　　印　　张：15
书　　号：ISBN 978-7-111-46542-3　　　　定　　价：59.00 元

凡购本书，如有缺页、倒页、脱页，由本社发行部调换
客服热线：（010）88378991　88361066　　　投稿热线：（010）88379604
购书热线：（010）68326294　88379649　68995259　　读者信箱：hzjsj@hzbook.com

乐趣。我们想要用一个词来形容我们对这本书的终极目标，以及一个词——我们希望你将使用它来描述这本书，而这就是我们所选择的那一个词。当然，还有其他的目标，但在最后，当你读完这本书时，我们希望你会喜欢本书介绍的内容。

许多书使用引言来解释这本书讲的到底是什么，读者将会学会什么，读者需求什么（一个技能或者可能一个项目或者一款软件），以及当读完最后一页时留给读者的将是什么。这也是本书的引言所希望做到的，我们期待这是个愉快的开始。

所以，欢迎阅读本书。这里我们不会用太多篇幅在引言上，仅仅通过几页来告诉你这本书是怎样的。你会发现一堆有用的信息，它们有助于使这本书其余的内容更加有趣。

什么是Arduino奇妙之旅？

这是一个很容易回答的问题！首先，这本书是关于Arduino的。这里假设你知道什么是Arduino。不用担心，我们可以慢慢学习。现在，请看看图I-1。你将使用这个小小的电子设备做一些好玩又有趣的小玩意。把它看成一个很小的微型计算机（各种各样的），当你接通电源和其他一些微小的元件时可以做一些奇妙的事情。这就是所谓的微控制器，当你读完这本书的时候，你将会知道如何用它做更多的事情。

图 I-1　Arduino Uno 微控制器

至于标题中的奇妙之旅部分，下面给出解释。你将通过模拟男女主人公的处境来学习如何使用Arduino微控制器，我们在全书中虚构了他们的故事。你看，我们本来可以写一本书告诉你拿一个particulmaxinator，将它插入fibulonical端口，然后上传名为MaxFibV2的程序……你已经开始打瞌睡了？那样的过程相当枯燥乏味，对不对？那并不是最好的学习方式。

我们猜测如果你沉浸到故事中时你会喜欢学习Arduino多一点。所以故事情节用来提供一个特别的挑战，而这挑战只能使用Arduino解决。多少个挑战？8个！你将读些故事，发现主人公所面临的问题，然后连接Arduino和其他一些元器件来构建一个工作问题的解决方案。概括地说，这是本书所包括的一切——通过一个有趣的故事伴随独特的挑战来帮助你真正了解如何使用Arduino微控制器——实际上是用你的双手创造东西。相信我们——它会很有趣的！

当读完这本书时我会成为一位Arduino大师吗？

嗯……不会。我们当然想给你尽可能多的训练，但由于需要将篇幅限制在400页，我们可以展示给你的只能这么多。但不要紧张！在你通过这本书进步的同时，我们会引导你浏览我们的网站，在那里你可以了解更多关于Arduino的知识。我们将告诉你去阅读哪些书，这样你就可以继续扩充你的Arduino技能。而且我们将提供大量的提示和建议帮助你避免白费力气做重复的工作——你会惊喜地发现，很多工作已经为你做好了，你可以用快捷键和教程方便地去做你可以想象的与Arduino有关的任何工作。

当你读完这本书时，你会从Arduino新手变成Arduino探索者。你将对Arduino有足够的了解，从而感觉工作、编程和摆弄它来创建你自己的特殊项目时非常得心应手。

我们希望当你读完这本书时，你带走的是一份自信，你知道Arduino是什么，它可以做什么（和它不能做什么），以及通过使用现阶段Arduino新手、Arduino探索者和Arduino大师可利用的所有资源得到自己的答案和解决方案。如果你的目标是成为一位Arduino大师，那么这本书将让你朝着正确的方向迅速前进。

我需要什么技能？

虽然我们很希望不要求读者拥有任何技能，能够提供一本全面的、从头至尾讲述你使用Arduino所需要知道的一切的书……但这是不可能的。首先，像那样的一本书将有1500页左右，重约45磅（约20公斤）——这显然不是我们想要随身携带的一本书。当然……你总是可以找到电子书，但说实话，我们没有时间去写一本1500页的书。因此，我们将不得不要求读者具备些基本的知识，如下：

基本的计算机技能，无论Microsoft Windows还是Mac OS。这就包括诸如能够使用鼠标（或触摸板），知道如何保存文件夹中的文件，以及良好的操作最佳工具之一——互联网的水平。很大一部分读者几乎一出生就拥有笔记本计算机或智能手机，所以这些技术只是小菜一碟。但是，如果你缺乏一些基本的计算机和互联网技能，找你的晚辈帮忙就行了——这个东西，他们很擅长的。

大脑。出于某些原因，想要学习了解Arduino的人们只有在有真正的大脑时才会做得更好，而不是一个当你感到压力就精神紧绷或用来和狗狗玩耍的泡沫脑袋。如果证实大脑确实存在于你的头骨中，你会做得很好。如果你没有大脑，请放下书，叫别人开车送你去医院——你需要去做些检查。对不起。

父母、老师或好朋友。不仅这些人可以帮助你应对这本书中的挑战，而且当到时间来展示你做了些什么时，他们也确实有用。如果他们脸上出现了惊讶的表情，那么你将获得加分。如果他们摇头，完全不知道他们看到的是什么并要求你解释，那么你将获得双倍加分。说真的……当人们看着你就好像你是一个超级天才时，你会意识到你做了一些很酷的事。

这本书是如何组织的？

正如我们提到的，一共有8个挑战。这意味着这个故事将被分为8个部分（如果包括故事的结论，那么就是9个）。但是这个虚构的故事不会向你提供你所需要的解决那8个挑战的信息。不！要解决这些挑战，你将会得到一些额外的指令，我们再次希望你会轻松和有趣地阅读。

这本书分为8个部分。每个部分由一个包含一整块故事的章节开始。小说篇之后是理论篇，提供一些技巧方面的信息和完成挑战所需的元件。每个理论章后面跟着的是硬件章，展示如何为挑战构建Arduino控制解决方案。每个软件章通过所谓的图形来总结每个挑战中使解决方案起作用的细节。别担心，我们知道对你们中的许多人来说这些可能都很陌生，所以现在只要知道所有的Arduino控制设备同时需要硬件和软件部分就可以了。随着内容的进展，你会同时获得这两方面的经验。此外，在每个软件章的结尾，你会发现额外的需要解决的问题，以帮助你成为一个更好的Arduino开发者。

所以，以下是这本书如何开展的概括：

小说篇：你将读故事并发现相应的挑战必须通过使用由Arduino微控制器建立起来的一些东西来应对。是的，这个故事是虚构的，但面临的挑战是100%真实的——请保证在成功地完成了当前的挑战后再进入下一个挑战，好吗？

理论篇：你会得到用于解决挑战的硬件方面的基础教育，以及更详细的电子和编程相关主题的一些解释。这也是使人容易瞌睡的章节，所以我们试图让它多少有点娱乐性，以免你看得昏昏欲睡。

硬件篇：当你完成本篇，你将了解小说篇中所面临挑战的解决方案。它看起来会很酷……我们承诺你能展示给你的朋友和家人大量的电线和看起来超酷的配件。你也会学习到其他的电子元件，虽然有些在本书中可能不会用到，但我们认为你会有兴趣去为自己的项目学习。

软件篇：你在硬件篇组装起来的那个小发明其实并未完成。在该篇中，可根据基本的指示，学习如何通过书中提供的简单程序使小发明工作。但是，我们不只是给你一个程序——我们也会解释它的工作原理和工作方式，这样你就可以根据自己的喜好尝试对其作出修改。

我需要了解电子学吗？

完全不用。这并不是说任何电子知识都不会派上用场，我们会向你介绍本书中你需要了解的概念，所以不需要具备电子学经验。不过，就像当你读完这本书你不会马上成为一位Arduino大师一样，你也不会马上成为一位电子学大师。但是如果你期望，我们就会向你提供参考资源，帮助你朝这个方向发展。

这本书中的挑战涉及各种各样的电子元件，但是我们会一一介绍，然后提供完成一个挑战并理解其工作原理所需的信息。

我需要知道如何焊接吗？

焊接是一种更永久地连接电子元件和导线的方法。使用热量融化各种金属的混合物，然后快速地冷却并凝固。可以使用这种混合物（称为焊料）使两根线粘在一起或者使电子元件与其他元件保持连接。

但是……焊接不是必需的。如果你知道如何焊接，很棒！但是本书中的挑战不需要做这些。如果你不知道如何焊接，我们稍后会指出一些好的教程告诉你需要做些什么。如果你决定更加深入地学习电子学和Arduino技能，这必定是你需要学习的一个技能。

除了这本书我还需要什么？

附录A包含你完成所有8个挑战需要的所有物品的完整清单。你还会发现我们推荐的各种供应商的零件编号。如果你喜欢每次收集一部分器件，那么去读每个挑战的理论章，寻找每一个具体挑战所要求的特定物品。我们想要提前让你知道，如果你单独购买了这本书所有必需的元件，你最终会花费大约175美元。但是一定要看看这本书的网站，因为我们将告诉你如何购买打折的预先捆绑好的元件包。之所以我们推荐你访问网站，是因为这些信息可能会经常改变，在这本书中写的内容可能在你读到时已经过时了（包括价格较高）。所以，再一次强调……查看网站的定价和所需零部件的最新信息！

所有挑战都需要的物件就是Arduino Uno了。你会发现若干出售Arduino的厂商，但你会很高兴知道RadioShack公司目前是一个Arduino零售商。这意味着，如果在你的城市有RadioShack商店，里面可能就出售微控制器。如果你喜欢在网上购物，你可能会发现偶尔有较低价格的Arduino出售。但Arduino已经是一个非常便宜的微控制器了（通常在20～30美元），所以以你可以找到的最好价格购买。只需一个！对于本书中的挑战，你不需要多个Arduino。

你也可能需要通过网络访问，因为你可以在本书的网站www.arduinoadventurer.com下载这些挑战的全彩布线图。虽然它不是必需的，但是你会发现，当你碰到第一个挑战时你可以下载一些PDF文件使一些挑战变得更有趣。这些PDF文件称为挑战卡，如果你决定使用，你可以将其打印成8.5×11的卡片（最好比标准纸更坚固）。

我们也将给你一个特殊的Arduino相关网站。这样做不是为了帮助你减少输入文字的时间——我们只是想告诉你如何搜索和查找网上已有的详细解决方案。

Arduino可以采用电池或交流电（墙）供电。然而，对于这本书，我们将使用电池电源和一根USB线。这意味着你将要购买的电池数量取决于你的Arduino供电方式，使用USB A型线跟USB B

型线在一些挑战中给Arduino供电是一样的。附录A为你提供了一些电源选择,选择一个你最喜欢的即可。

最后,你会需要一些专业的电子产品,你在本地很可能找不到(如RadioShack)。我们会尽最大努力降低成本,因为学习使用Arduino需要你购买一些独特的物品,以使Arduino正常运转并挑战成功。

对于第一个挑战,我需要什么?

你需要了解如何阅读第1章。如果你已通过引言了解了,那么相信你会很顺利地完成本书。

你需要为第一个挑战中使用的元件列一个购物清单。我们已经在第3章的开头完成了这个简单的工作。对于所有其他的挑战,请参考附录A,查找你所需要的其余元件。

最后,你需要一段鼓励的话。如下:

你会感到很有趣的。而且你将学到一些真正很酷的东西,会使你的家人、朋友、老师和宠物都很惊讶。(是的,即使狗和猫都会欣赏精心设计的小发明。)

你可以做到这一点。在这本书里没有什么是你的技能之外的。如果你感到困惑或迷失了,在本书中——你可以轻而易举地重读你喜欢的任何部分。而且我们也会跟大家分享一些很棒的在线资源,你可以去那里提问。你完全有能力应对这本书中的挑战,所以不要气馁。

我们希望你享受这段经历。本书是专门为你这样的人写的。我们承诺,读完这本书后,你就会有很多的理由对自己微笑且感到自豪。

所以……我们开始吧。你的第一个Arduino挑战正等待着。所有你需要做的就是翻到下一页……

致　　谢

首先，我衷心地感谢我出色的妻子Alexandria。如果没有她的支持，我不可能写成这本书。我还想感谢那些支持我这次尝试的家人和朋友：妈妈、爸爸、George和Amanda，他们总是帮助我保持自信。以及特别地感谢我的Sue阿姨，她激励我将写作生涯继续下去。

我也很感谢Arduino团队开发了神奇的Arduino硬件，以及所有经销这类高质量元器件的商家：SparkFun、RadioShack、Adafruit和MakerSHED。

如果没有Jonathan Gennick、Kevin Shea和整个Apress团队的高超编辑技能，这本书将永远不会像听起来那么令人印象深刻。

最后，非常感谢我们的技术审校者Jeff Gennick和Andreas Wischer，对于本书，他们给了Jim和我非常好的反馈。

Harold Timmis

这本书从完成写作、编辑，到最后到达你的手中需要大量艰苦的工作，非常感谢Apress出版社的Kevin Shea，因为他长期以来的耐心、努力和坚韧。如果你喜欢这本书，Kevin的功劳非常大。

另一个要感谢的是Apress出版社的Jonathan Gennick。我已经与Jonathan合作好几年了，我认为他是一个很好的朋友。大多数读者都不知道申请批准出版一本书的艰辛；Jonathan相信我们的想法并让它实现了。

同样伟大的还有本书的技术审查者：Jeff Gennick和Andreas Wischer。他们发现了我们的错误，并帮助完善了本书。本书中你可能发现的任何错误都是作者造成的。请务必查看我们的网站arduinoadventurer.com，关注任何的更新或者勘误。特别感谢Jeff，从前几章起一直提供了一些非常不错的反馈，帮助我们从一开始就完善本书。他提出的关于解释硬件接线的更好建议大受赞赏。

当然，当我参与这本书时我的家人完全支持着我。我的妻子，Ashley，一直鼓励着我的事业。每当我看见我的两个儿子瞪着大大的眼睛，带着所有很酷的小玩意到我办公室的时候，我总是会被激发出灵感。当我的儿子再长大一点后，这种经历必然有益于他们的成长。这不能不说是一件让人兴奋的事情。

James Floyd Kelly

技术审阅者简介

Jeff Gennick 一个游戏发烧友和全方位技术爱好者。他现在是一名学生，住在密歇根州的慕尼辛市，离苏必利尔湖6个街区，虽然身在降雪带，但他绝对不是一个懒惰的人，在冬天，他可以花费整个晚上围着火炉钻研他自己购买并组装的蒸汽动力游戏平台。Jeff热衷技术，有时帮助他父亲测试出版的书籍中的项目，比如本书中的一些项目。

Andreas Wischer 住在德国的帕德伯恩。当阅读到关于双子座工作站的书时，他发现双子座工作站与坐落在他的家乡的世界上最大的计算机博物馆有惊人的相似之处。Andreas持有电子学学位，在欧洲从事软件顾问方面拥有十多年的工作经验。他目前在一家大型电子供应商从事信息技术工作。

目　　录

前言

致谢

技术审阅者简介

第 1 章　在双子座工作站遇到的麻烦 ·· 1

　1.1　麻烦开始了 ·· 1

　1.2　上楼，还是不上？ ··· 2

　1.3　Andrew 5.0 ·· 4

　1.4　轰！ ·· 5

　1.5　逃离，还是不逃离 ··· 6

　1.6　A 计划 ··· 6

第 2 章　挑战 1：了解有趣的东西 ·· 8

　2.1　Arduino 是什么？ ··· 8

　2.2　让 Arduino 做些事情 ·· 11

　2.3　安装软件 ·· 12

　　2.3.1　Windows 操作系统下的注意事项 ··· 13

　　2.3.2　开发环境 ·· 15

　2.4　准备好了吗？ ·· 16

第 3 章　挑战 1：检查硬件 ··· 17

　3.1　定位你需要的器件 ··· 17

3.1.1　电位计 ··· 17

3.1.2　无焊面包板 ·· 19

3.1.3　Arduino Uno ··· 21

3.1.4　导线 ·· 21

3.2　构建小发明 1 ··· 22

3.3　下一步是什么？··· 25

第 4 章　挑战 1：检查软件 ·· 26

4.1　Arduino 集成开发环境 ·· 26

4.2　挑战 1 程序 ··· 28

4.2.1　开始程序 ·· 29

4.2.2　配置串行端口 ··· 29

4.2.3　侦听串行端口 ··· 30

4.2.4　把输入转化为数字 ······································ 31

4.2.5　显示结果 ·· 32

4.3　解决挑战 1 ·· 33

第 5 章　损害评估 ··· 34

5.1　Andrew 的脸 ·· 34

5.2　尴尬的 Cade ·· 35

5.3　解锁 ··· 36

第 6 章　挑战 2：了解有趣的东西 ································· 39

6.1　了解电池 ··· 40

6.2　目前是电路 ·· 41

6.3　电流流动 ··· 42

6.4　准备好了吗？·· 43

第 7 章　挑战 2：检查硬件 ·· 44

7.1　按钮 ··· 44

7.2　LED ·· 45

7.3　电阻 ··· 45

7.4　构建小发明 2 ·· 46

7.5　下一步是什么？ ······································· 51

第 8 章　挑战 2：检查软件 ·································· 52

8.1　函数解析 ··· 52

8.2　挑战 2 程序 ·· 53

8.3　解决挑战 2 ··· 55

第 9 章　检测温度 ·· 56

9.1　在底座上 ··· 57

9.2　斜道和梯子 ··· 58

9.3　绿色的舱口 ··· 59

第 10 章　挑战 3：了解有趣的东西 ·························· 60

10.1　了解温度传感器 ······································ 60

10.2　准备好了吗？ ·· 63

第 11 章　挑战 3：检查硬件 ································· 64

11.1　什么是传感器？ ······································ 64

11.2　构建小发明 3 ·· 66

第 12 章　挑战 3：检查软件 ································· 71

12.1　if-else 条件语句 ····································· 72

12.2　挑战 3 程序 ··· 73

12.3　解决挑战 3 ·· 77

第 13 章　不速之客 ··· 78

13.1　向上 ·· 78

13.2　幽灵？ ·· 78

13.3　紧急情况！ ·· 79

13.4　危险！ ·· 80

13.5　桶 ·· 81

第 14 章 挑战 4：了解有趣的东西 ······························ 83

14.1 木桶运输机 ··· 84

14.2 了解集成电路 ··· 85

14.3 准备好了吗？ ··· 87

第 15 章 挑战 4：检查硬件 ··· 88

15.1 新硬件 ··· 88

15.2 构建小发明 4 ··· 89

第 16 章 挑战 4：检查软件 ··· 99

16.1 挑战 4 程序 ··· 99

16.2 程序拆分 ··· 101

16.3 解决挑战 4 ··· 105

第 17 章 捉迷藏 ··· 106

17.1 穿越 ··· 106

17.2 5 分钟！ ··· 107

17.3 狂奔！ ··· 108

17.4 步行 ··· 109

第 18 章 挑战 5：了解有趣的东西 ······························ 111

18.1 了解小发明 5 ··· 112

18.2 准备好了吗？ ··· 113

第 19 章 挑战 5：检查硬件 ··· 114

19.1 PIR 传感器详解 ··· 115

19.2 构建小发明 5 ··· 115

第 20 章 挑战 5：检查软件 ··· 122

20.1 通过解决方案构思 ··· 122

20.2 声音函数详解 ··· 123

20.3 挑战 5 程序 ··· 124

20.4　解决挑战 5 ·· 126

第 21 章　旋转木马 ··· 128

21.1　险遭意外 ·· 128

21.2　这里没什么可看的 ··· 129

21.3　一个工程问题 ·· 130

第 22 章　挑战 6：了解有趣的东西 ································ 132

22.1　了解小发明 6 ·· 132

22.2　准备好了吗？ ·· 134

第 23 章　挑战 6：检查硬件 ··· 135

23.1　仔细研究伺服电动机 ·· 136

23.2　构建小发明 6 ·· 137

第 24 章　挑战 6：检查软件 ··· 145

24.1　伺服电动机库 ·· 146

24.2　挑战 6 程序 ·· 147

24.3　解决挑战 6 中的问题 ··· 150

第 25 章　按下按钮 ··· 152

25.1　备份计划 ·· 152

25.2　控制中心 ·· 153

25.3　疯狂的计划 ·· 153

25.4　手电筒 ··· 155

第 26 章　挑战 7：了解有趣的东西 ································ 156

26.1　了解小发明 7 ·· 157

26.2　准备好了吗？ ·· 159

第 27 章　挑战 7：检查硬件 ··· 160

27.1　光敏电阻详解 ·· 161

27.2　构建小发明 7 ……………………………………………………………………… 162

第 28 章　挑战 7：检查软件 ……………………………………………………… 169

28.1　挑战 7 程序 …………………………………………………………………………… 169

28.2　解决挑战 7 …………………………………………………………………………… 172

第 29 章　离开工作站 ……………………………………………………………… 175

29.1　船 ……………………………………………………………………………………… 175

29.2　启动问题 ……………………………………………………………………………… 176

29.3　最终清除故障 ………………………………………………………………………… 178

第 30 章　挑战 8：了解有趣的东西 …………………………………………… 180

30.1　基本组件 ……………………………………………………………………………… 181

30.2　挑战 8 的底盘 ………………………………………………………………………… 181

30.3　准备好了吗？ ………………………………………………………………………… 184

第 31 章　挑战 8：检查硬件 ……………………………………………………… 185

31.1　新的硬件 ……………………………………………………………………………… 185

31.2　构建小发明 8 ………………………………………………………………………… 186

第 32 章　挑战 8：检查软件 ……………………………………………………… 195

32.1　函数解析 ……………………………………………………………………………… 195

32.2　挑战 8 程序 …………………………………………………………………………… 196

32.3　解决挑战 8 …………………………………………………………………………… 204

32.4　你还没有完成！ ……………………………………………………………………… 207

第 33 章　后记 ……………………………………………………………………… 209

附录 A　零件列表 ………………………………………………………………… 212

第1章

在双子座工作站遇到的麻烦

Cade 厌倦了跟着老师的节奏参观双子座工作站，因为老师总是安排各种关于计算机和电子产品的讲座，实在是乏味，让人犯困。于是他萌生了一个大胆的想法——说服 Elle 跟他一起离开老师和同学的团队，自己参观双子座工作站。不得不说，Elle 是班上成绩数一数二的学生，她的理论知识学得很好，对老师在课堂上讲的关于双子座工作站每个楼层的布置了如指掌。Cade 为了不让自己在这个偌大的工作站里迷路，千方百计地想说服 Elle 与他同行。

"你是在自找麻烦吗，Cade？跟着老师同学们一起参观这个工作站，都不需要我们费那么多心思，你非得自个儿摸索。"Elle 边抱怨边回头看了看，确认在这黑乎乎的走廊里没人跟着他们。

"你真想跟着老师和同学一起参观双子座工作站吗？"Cade 打趣地问道，他知道其实Elle 心里也厌烦了各种无聊的讲座，只是她习惯了做好学生，让她"逃课"出来跟他一起自己参观工作站，心里多少会有点忐忑。

1.1 麻烦开始了

带队参观双子座工作站的 Hondulora 老师和另外两个教师站在队列的最前面，这为Cade 和 Elle "逃课"创造了机会，他（她）俩趁其他学生不注意时，将定位信标放到他们背包里，便神不知鬼不觉地溜走了。虽然已经逃出来了，但是 Elle 的心里还在纠结。

"不行，我们不能开溜，你知道 Hondulora 老师下周要就今天的讲座内容安排一次测验，"Elle 回答道，"虽然我的成绩不差，但如果没考好，我爸妈会惩罚我的。"

"Elle，你已经是班上成绩最好的了，休息一下吧。"Cade 再一次说服她，说道："你就别再纠结了，逃一次讲座没事的，我们自己参观工作站是一样的，你考试还是可以考得很好，别担心了，快走吧。"

走着走着，Cade 发现了一个安装在十字路口边缘的数字显示器，Elle 跟上前看了看。数字显示器上显示了各种不同的色彩编码，他们仔细地阅读说明了之后，才知道原来在地上标记出来的不同的颜色代表通往各个不同展厅的路线。

"Pre-2050 视频游戏技术,"Cade 说,"我们按照红色路线走过去看看这个吧,肯定很有趣。"

Elle 摇了摇头,说:"我对这个不感兴趣,我想跟着蓝色路线走,去全息图存储解决方案 2020~2085 这个展厅看看。我一直很好奇,想知道他们是如何解决失真问题的。"

Cade 皱了皱眉头,慢慢转过头来看着 Elle。"你在开玩笑吧。"他想不明白,Elle 怎么会对全息图存储解决方案感兴趣。

Elle 忍不住笑了出来,说:"我没开玩笑啊,也许是你在开玩笑。"

"好吧,我们已经浪费五六个小时了,整个工作站就是一个科技博物馆,我想你是认真的,你的确对这个工作站了如指掌。"Cade 说。

"那第三条路线是通向哪个技术展厅的?"Elle 问道,"就是那条黄色的路线。"

Cade 回头看看显示器。"处理器 1960~2015 的历史。好吧,又是一个关于信息存储的展厅。"

Elle 伸手去摸 Cade 的后脑勺,他一闪就躲开了。Elle 心里又忐忑了起来,说:"我们已经看完所有的路线了,该回去看看老师在做什么了。"

Cade 邪恶地冲 Elle 笑了一下。

"别这样阴阳怪气地对我笑!"Elle 说。她知道 Cade 不想这么快就回老师那里,因为他每次央求 Elle 帮忙做事的时候,脸上都会露出这种独特的笑容,这种笑容 Elle 并不太喜欢。

"Hondulora 老师说这个工作站一共有多少层?"

Elle 摇了摇头,说:"别想我告诉你,Cade。再这样自由参观下去,以后会被禁止实地考察的。"

"别啊,Elle。老师说有多少层来着?我们再多参观参观吧,还有好多楼层都没去呢。"

1.2　上楼,还是不上?

Elle 咬着嘴唇,努力回想在这次参观之前他们看过的小演示。时间回到 2091 年,这是一个由 23 层组成的雪茄烟形的工作站。M-392 环线最初是用于深层空间研究和提供出站船只的,但工作站被逐渐分割成两部分并形成了双子座工作站和金牛座工作站。后者被拖到 M-392 的对面,所以两个工作站在两个最大的定居点上方的同步轨道上。双子座工作站用来采矿,金牛座工作站用来开采能源给这个系统提供电能。Elle 不得不集中精力去回忆双子座工作站的楼层数量,突然 12 个岩石排列形成的字母 G 闪现在她的脑子里。

"12 代表双子座工作站,11 代表金牛座工作站。"

Cade 佩服得五体投地,指着 Elle 的额头说,"真是不敢想象你到底记住了多少信息,你知道吗?我敢用一个星期的网络访问权限来打赌,你大概已经记住了整个工作站的所有布局,是吧?你就承认吧。"

"我记下了工作站的整个地图及布局,我想可能测试中或别的什么事情可以用得着。"Elle

边说脸都变红了，她想 Cade 肯定又会笑话她了，做什么事都想着考试。

"好吧，又是应付考试。"

"好了，别说了！"

"所以，一共有 12 层楼。飞船码头在哪儿，12 层吗？"

"11 层。指令和控制是 12 层，"Elle 说，"把它想象成一个笔直的隧道。12 层在最顶端……"

"我们乘电梯一路往下到底。在所有墙上印的数字中最大的一个貌似是最重要的，"Cade 问："我猜最重要的是休息室。"

"有趣，"Elle 道，"但是你的答案不正确。Cade，我们不能离开老师和同学太远了。"Elle 这会儿又纠结起逃讲座的事情来了。

Cade 深呼吸了一下，说："好吧，你待在这里。但是如果你不打算和我一起去，至少得告诉我这个工作站还有什么有趣的地方以及怎样去这些地方吧。"

Elle 知道如果她不告诉 Cade，他会继续烦着她，而且会一直缠下去。她皱了一下眉头，然后点点头，说："好吧，你想看什么？"

Cade 回头看了看他们刚刚经过的有很多电梯门的走廊，"2 楼有关于哪些科技的展厅？"

Elle 努力回忆着，她已经把这个科技博物馆每一层的概要都读过无数遍了，虽然主要旅游层的全息景观记得不是那么清楚了，但是她已经很努力地回忆了，听到人工智能的高调子，她差点笑了出来。

"让我们看看……2 楼是饮食区、礼品店和几个全息房间，一些很基础的设施。还有一些科技上的重大突破，设想你能在吃饭的时候聊一些泰坦科技的话题。嘿，和 Google 的创始人交谈将是一件很有趣的事情……"

"停，停，停……够了，谢谢！"Cade 说，"三楼有什么呢？"

"嗯，让我看看。很多展览区、微控制器古董、Andrew 5.0 体验以及一些早期的平板计算机技术，"Elle 说。

"等等……Andrew 5.0？"

"是啊，"Elle 说，"第一代人工智能。你喜欢这类东西？"

"当然！"Cade 得意地笑了并且低头看着走廊，希望他的声音没有太大，以至于让老师发现他们离开了。"来，Elle，你必须和我一起走。"

"不行，"她回复道，"我想我该回去找老师他们了。可能他们还没发现我离开了这么长时间然后又混回去呢。"

"我一个人找不到路啊，"Cade 说，"帮帮忙吧？求你了？求你了？"

"无聊！"Elle 说，"你笨啊，到处都有记号，就像这个。"她指向 Cade 的头顶上的那个标记。

"如果你跟我一起去，我帮你完成一周所有的格式化作业。"

Elle 犹豫了，因为平时她最讨厌按照 Hondulora 老师挑剔的标准来格式化自己的写作了。这点 Cade 也知道。

"一个月，"她回复道。

"什么？不行！"

"那再见了。"Elle 转身就走。

"好吧，"Cade 说，"一个月就一个月吧。但是除了 Andrew 5.0 展区，你还得带我去别的好玩的展区。"

"早就知道你没那么容易满足！"Elle 说。

Cade 笑了。"好，成交！快点，电梯貌似没人了。"

1.3　Andrew 5.0

电梯门开了，"我们去三楼，"Cade 非常绅士地说，"一定要参观下 Andrew 5.0 体验馆，我要看看 Andrew 5.0 是如何从最原始的分裂节点发展成为人工智能的。"

他把头探出门外，左看看右看看，接着说："没人。"

Elle 把他推到一边，快速走出电梯，说："Cade，你不用一直鬼鬼祟祟的，今天工作站这里只有我们两个人，来，我们快点。"

Cade 很快地走向前去追上 Elle，嘴里念叨着："你确定？"

"是的，整个工作站是全自动化的，难道你没有注意只有我俩的飞船停在这里吗？"

Cade 装作了解情况的样子回答："嗯，是的，只有咱俩的飞船。"

"我们本来应该跟一群来自地球的日本人一起参观双子座工作站的，可我听说他们有些人生病了，而双子座工作站对检疫规则又特别严格，所以就只剩下我们这一队人来参观了。"

"啐，"Cade 朝左转，来到了一个老式的 LCD 显示屏前，他停下来看了看，说，"小孩儿就用这样的屏幕来阅读？"

Elle 小声说："你可以快点吗？"

Cade 应道："别着急，就过来了。"

Elle 指向一条走廊，说："这边走，我猜你应该想最先参观 Andrew 5.0 体验馆吧？"

Cade 点了点头，说："是的，让我们先到那儿去吧。"

Elle 继续快步行走，右转来到了一个长方形盒式大屏显示器前，上面贴着一个红色标记"个人计算机机壳改装 2010—2015"，Cade 很想停下来偷看一下，却被 Elle 严厉的眼神制止了，他只好继续前进。

Elle 问："为什么 Andrew 5.0 对你有这么大的吸引力？"

"家族历史，"Cade 说，"我爷爷的爷爷的爷爷是 Andrew 创始团队中的成员之一。"

"真的吗？太酷了。"

"是的，我很好奇 Andrew 5.0 是否还记得他。"

"好吧，他应该记得的。"Elle 回答说，"虽然他开始的时候只是一个分裂节点，但因为这个工作站一直从事科技历史的工作，我敢肯定，那些东西一直保存在本地内存里。"

"希望如此。"Cade 说。

1.4　轰!

Elle 停下来，抬头看上面的标志，说："单片机操作展示在那边的房间，Andrew 5.0 体验馆在另外一边，我们插过去吧，这样可以节省一些时间。"

"听起来不错。"

Elle 刚一走近，门开了，里面的 LED 瞬间点亮。Cade 紧随其后，跟着 Elle 走过十几张桌子，桌子上面分散着放了很多很大的黑色工具箱和一些奇怪的设备，光是透明的集尘桶就有几百甚至几千个，这些小的电子器件有许多 Elle 和 Cade 完全陌生的。

"这个房间看起来真好玩，"Elle 说，"希望我们有时间玩。"

"玩这些东西？"Cade 问，"没开玩笑吧？这些科技在你祖母还是婴儿的时候都已经过时了。"

"或许吧，但我一直都很喜欢了解在早期人们是如何做这些事的。"

"我来告诉你吧，Elle，"Cade 说，"如果我们有时间，也许我们可以……"

嘭!

地板强烈的震动让 Elle 和 Cade 人仰马翻。

砰砰砰!

砰砰砰砰砰砰!

灯光闪烁，忽明忽暗，小的电子爆破声之后，便是在远处缩小的呜呜声，然后，报警器开始响了。

"Cade! Cade!！"

"我没事，"Cade 回答，"你没事吧？"

应急灯打开了，不像标准的 LED 照明灯那么亮，但是足够让他们看见地上铺了许多有凹痕的工具箱和金属小碎片，好多桌子也被震翻了，墙上的红灯不停地闪烁。

"嗯……我没事，怎么回事啊？"Elle 大叫。

Cade 站起来，扶起 Elle。"我们得回去，这感觉像爆炸。"

Elle 睁大了眼睛，问："你确定？也许是别的什么事。"

Cade 说："就算是别的事，也一样糟糕，这震得我们站都站不稳了，Elle，快走吧。"

Elle 跟着 Cade 走向入口，突然 Cade 停下，Elle 撞上他，原来这个门锁住了。Cade 挥了挥手，希望可以通过引发移动传感器来打开这扇门，但是没有任何响应。

"不行，"Elle 说，"试下这个小型按钮。"

在墙的右边，安装有一个小型白色的长方形，垂挂在上面的是一个有点熔化的塑料，Cade 指着这个塑料说："你指的是那些垃圾？"

"哦，这些坏了，"Elle 说。

Cade 转身去看另一边通向 Andrew 5.0 体验馆的房间，发现墙上的电线悬挂着一只烧坏和熔化的控制面板，他说："其他的小型键盘也损坏了。"

"你知道需要多大的能量冲击才能造成这样的毁坏吗？"Elle 问。

"Elle，我们得从这里出去，"Cade 说，"找其他的出口。"

1.5 逃离，还是不逃离

"所有游客请到达紧急逃生杆，紧急逃生杆分别设置在 1 楼、6 楼和 10 楼，其他楼层的游客请注意，通向 1 楼、6 楼和 10 楼的楼梯管道现在开放，请跟随蓝色和黄色闪烁灯的指示到达最近的楼梯或逃生杆，11 楼和 12 楼的游客要前往 11 层的出口……"

"在那边没有出口。"Cade 说。刚开始跟 Elle 一起进来时的主要入口现在封锁了。

"天花板有 15～20 英尺高，但是我没有发现梯子或有其他方法可以爬上去。"

"而且这些楼层都是平铺的，但是我找不到任何工具可以把它们拉起来。"Elle 说。

"你知道一些有关电子方面的知识吗？"Cade 问，"或许我们可以把键盘修好？"

Elle 凑近盯着那些组成键盘的电路板，但是板子已经烧坏了，她回答道："我不知道从哪里开始。"

"我也是。"Cade 回答说。

"我们可以大声喊救命，或许会有人听到。"

Cade 和 Elle 开始大声喊救命，同时，不断地踩地板。

"救命啊！"

"让我们出去！"

"外面有人吗？帮帮我们！"

他们累了，之前的爆破声也渐渐地弱了，就在这时，他们听见一个虚弱的声音从屋子的另一边传来。

"怎么了？"Elle 和 Cade 跑到门的另一边。

"你好！可以帮帮我们吗？你是谁？"Elle 把她的耳朵凑近门边。

"你好，我是 Andrew，你们叫什么名字呢？"

1.6 A 计划

五分钟之后，Cade 和 Elle 向 Andrew 5.0 解释了一下情况。Andrew 没有办法解释报警和疏散产生的原因，但是他通过一条他能调控的内部损伤控制网络核实了工作站内报道的大量损坏的情况。

"你可以与工作站内的人工智能进行通信吗？"Cade 问，"你可以让别人知道我们被困在这间屋子里？"

"很抱歉，但我无法与外界进行通信。我可以获得一些经过工作站内通信网络传输的特定报道，但是我的程序被修改了，限制了我的能力，其中包括与其他人工智能进行通信的能力。"

"这层楼除了我们还有别人吗？"Elle 问道，"有没有可能会有紧急事件小组来检查这个工作站？"

"Elle，这个我也不知道，"Andrew 回答说，"可能会有紧急事件的协议吧。"

"所以我们只能眼巴巴地坐着等。"Cade 说。

"但是我们不知道到底发生了什么事情，"Elle 说，"如果这个站在排放氧气呢？或者有火灾？"

"Elle，乐观一点。"

"抱歉，我的意思是说我们得离开这里，我们不能坐着干等别人来救我们，我们得把个人信息加载到别的通信线路上面传输出去。"

Cade 的脸红了，说："抱歉，这是个傻主意。"

"嘿，我也跟着去，我不是在责备你，但这意味着我们只能靠自己，没有人知道我们在这里。"Elle 把手挽着 Cade 的肩膀。

Cade 点点头，说："好吧，不是吹牛，但我们是班里最机灵的两个孩子，我们可以想办法从这个房间逃出去的，对吧？"

Elle 笑了，说："而且我们已经在隔壁的房间找到一个人工智能机器。"

"对，我们可以做到的！Andrew，我们得想办法离开这间屋子，有什么好办法吗？"

Andrew 沉默了一会，回答："你说两个键盘毁坏了？那你能告诉我面板后面的电路板是不是也毁坏了呢？"

"那个绿色的板子吗？"Cade 问道。

"是的。"

"是的，板子烧焦了，上面有黑色烧焦的痕迹。"

"电路板上面是一个小的四线或五线进入的密封金属外壳，这些电线是好的吗？"

Elle 轻轻地拨动进入小金属盒的电线，发现这些电线都在原来的位置，"嗯，我想它们是好的。"

"非常好，我们需要入口代码，但是你用一个可变电阻和小型电源可以很容易地做到这一点，当然，你需要做一些自定义编程，这就要求有一些处理能力，你们俩谁身上带有元器件吗？"

Cade 转身盯着 Elle："他是在开玩笑吧？"

Elle 皱起了眉头，"Andrew，很抱歉，我们今天没有把元器件带出来。"

稍稍沉默之后，"Andrew？"Elle 问，"我刚刚查阅了一下这个工作站的数据库库存，你不是在微控制器操作实验室里工作吗？我们可以利用现成的东西。"

Cade 又一次摇了摇头，睁大双眼盯着 Elle，"他是在开玩笑吧？"

Elle 举起她的手。"Andrew，这些是电子器件太古老了，有些我们甚至都不认识了。"

Andrew 的声音变了，变得更慢，更有耐心，"Elle，Cade，这是一个挑战，但我可以用屋子里的一些元器件帮你打开那扇门。你们要仔细听我说，如果你们按照我的指示，就可以打开门，你们准备好了吗？"

Cade 呼了一口气，慢慢点了点头，说："当然，我们只能这样了。"

Elle 咧嘴笑了，"看起来不管我们喜不喜欢，都得动手操作了，好吧，Andrew，告诉我们要怎么做吧？"

"首先，你们需要找到 Arduino，我的库存清单显示这房间里有一个贴有标签的盒子，里面有成百上千个这种单片机，现在你们先找一找。"

第2章

挑战 1：了解有趣的东西

我们考虑把这个称为挑战 1：一个 Arduino 的应用练习，但是它听起来更像是去健身房。我们的第二个尝试是第 1 章：理论概念，但这使你们昏昏欲睡。所以我们简短地讨论了一下到底希望你能够从这一章中学到什么东西，归根结底就一条：一些有趣的东西。

就像在引言中提到的，我们不可能教会你关于电子、编程以及 Arduino 的所有东西，但是可以正确地指导你去获得可以帮助你弥补不足的其他资源。我们在这本书中能教给你的，以及你想在其他地方学习到的，都将有助于你成为一位 Arduino 大师。

所以，这就是我们需要明确的。首先，我们不会如洪水般突然给你灌入万吨关于 Arduino 的信息。我们将把它分散在整本书中，随着完成所有的挑战，你将很好地理解什么是 Arduino、它能做什么以及它是如何工作的等问题。而且在这个过程中，你将收获良好的编程技巧，这种技巧仅仅随着时间不断扩展以及不断地设计你自己的 Arduino 作品来提高。

我们邀请了大家喜爱的人工智能——Andrew 5.0，一路来帮助我们，给我们提供额外的建议、注意事项和参考。不要把它想成家庭作业，但是……它就是一项家庭作业。但是我们保证它将是一项非常有趣的家庭作业！

所以，就这样约定。在每个推动 Cade 和 Elle 的故事的小说章节之后，我们将给你讲一个有趣的故事来了解这一章。你将要学这些东西，所以，不要让那些东西把你吓跑，好吗？这本书的目的不是要用技术和复杂的讨论来打击你，而且我们将尽最大的努力去确保那些有趣的东西确实很有趣。所以，找一把椅子，喝一杯茶，或者吃你喜欢的零食，让我们开始帮助 Cade 和 Elle 从封锁的房间里走出来，并把他们介绍给 Arduino。听起来是不是很有趣？确实……那就开始吧！

2.1 Arduino 是什么？

虽然你拥有这本书，但这并不意味着你知道 Arduino 是什么，所以我们首先来复习一下。最简单的方法就是向你展示 Arduino 的外观。看看图 2-1，你将看到一个实际 Arduino Uno 外观图。

图 2-1 Arduino Uno 微控制器

名称中的 Uno 部分是这种版本的特定名称。你可能已经听说过 iPhone 3、iPhone 4 和 iPhone 4s 以及 Windows XP、Windows Vista、Windows 7 和 Windows 8。这些仅是人们使用的产品的各种版本，与 Arduino 是没有区别的。当然，这不是完全正确的。Arduino 通常是给定名称，而不是数字（以及修订数字；Uno 的当前版本是修订 3，或简写为 Rev3），所以你需要知道的是，本书中所有的挑战都将使用 Arduino Uno 版本 Rev3。

👆 注意

在开始实际的挑战之前，你需要购买一个 Arduino Uno。因此，请参阅附录。资源列表指出了在哪里可以购买到 Arduino Uno 以及这本书中需要的其他组件。

在写作本书时，Arduino Uno 是最新的版本。为避免过于技术化，Arduino Uno 及其先前的版本统称为微控制器，对于一个非常小的计算机来说，它是一个花哨的词。对，就是这个意思！一台计算机。与你所熟悉的计算机一样，Arduino 内部也能够嵌入一些设备：电源、电动机和各式的传感器等。同时 Arduino 还能做些其他的事情，如计算 4 234 876 × 5981，或者计算出学校到夏天放假的天数。

Andrew 5.0 的话

这里我想打断一下，让读者了解是否还有一个老的 Arduino 版本，可能会用它来代替 Arduino Uno。如果找出模型之间的相同点和不同点，那么可能需要很少的研究就可以让 Arduino Uno 版本正常工作。如果想了解其他版本以及查看差别，请访问 http://arduino.cc/en/Main/Hardware。这个网站上有相当多的信息，所以不要想着很短时间内就把它们都弄懂。随着你深入阅读此书，将会更清楚很多关于 Arduino Uno 及其前身的技术。

Andrew 说得很对。本书中的例程在老版本的 Arduino 中可能可以工作，但是你最好使用 Arduino Uno 版本，它可以避免在测试本书的例程时出现的一些问题。但是现在只需要用 Arduino 就可以了，而非 Arduino Uno。这就像说"我的计算机是 Windows 操作系统"，而不是说"我的计算机是 Windows 7 专业版 64 位操作系统"。这样听起来就不会感觉傻气和啰嗦。

关于 Arduino 有很多有趣的事，但是不会在本章中全部列举。相反，我会指出你将会在挑战 1 中用到的一些关键设备。图 2-2 用一些特别的箭头指出了一些重要的部件。现在就将这些位置找出来吧。

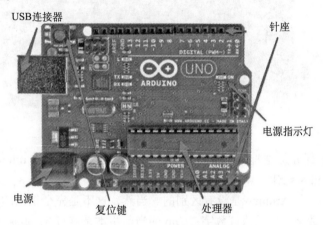

USB连接器　针座　电源指示灯　电源　复位键　处理器

图 2-2　Arduino 的一些关键部件

Arduino 的供电可以选择电池、交流电源或者交流适配器。如果想更有趣一点，可以称为"墙疣"（wall-wart）。

Arduino 是需要电源的，你可以将它插进一个墙疣中或者用一个电池接口，如图 2-3 所示，来引入一个 9V 的电池。我会在第 3 章中来告诉你如何给 Arduino 用电池夹供电。（实际上我们更推荐使用电池，因为这样便于携带 Arduino。本书中的 Cade 和 Elle 将会使用这种方式。）

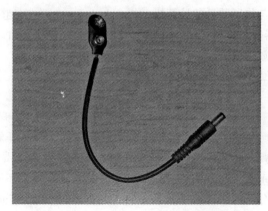

图 2-3　提供 Arduino 的便携式电源接口

看看那些称为针座的东西（参考图 2-2）？那些带有洞的小黑色矩形中间有孔，可以将导线或其他部件插入这些孔内，本书稍后将会提到。这就是你连接电动机和传感器或者其他元器件到 Arduino 的方式。现在开始，不要担心那些印在针座旁边的数字或者字母。等到需要的时候我会很详细地介绍它们的含义。但是现在你只需要注意针座上并不是所有的洞都是一样的，其中一些标记数字，一些标记字母，而另一些则在你知道它们的用途之前完全是令人迷惑的。请放心，在本书结束时我们会对其作出解释。

Arduino 由很多部分组成，后面你都会学到。但是首先我们想指出来的是板子中间的那个大的矩形凸起的芯片。这是 Arduino 的核心大脑，称为处理器——一块 Atmel 公司的 AVR 处理器。在接下来你创建的例程并且准备对其测试的时候，这个小东西将会占主导的作用。但是这个处理器具体是怎么样来控制的呢？很高兴你问了这个问题。

2.2 让 Arduino 做些事情

Arduino 本身做不了太多事。它可以进行一些数学计算，其内部时钟很准时。但是这个微控制器本身只是一个看起来非常酷的镇纸。（并不是说它很重，因此将其作为镇纸也并不好用。）

将 Arduino 变得有趣的方法是插入各种各样可以工作的电子元件——电动机、LED、可监测狗叫的声音传感器或你的房间有侵入者的超声波传感器、电阻、电容、晶体管等。即使你还不知道所有这些东西是什么或者它们是如何工作的也没有关系……只要注意，当它们连接到 Arduino 时，它们就准备做一些工作。就其本身而言，当然，Arduino 并不知道如何控制这些元器件。为此，它需要从你这里得到一些指令。这些指令以写好的语句的形式表示，类似于你写的那篇题为"殖民园艺技术的历史"的论文，只是它更有趣。

Arduino 得到这些指令并将其存储在内存中。指令的集合通常称为一个程序，但 Arduino 用户也把它们称为草图（sketch）。不，一个 Arduino 草图不需要最好的手绘画——如两只鹿在森林中奔跑的那张。一个草图表示写好的指令清单，告诉 Arduino 要做什么，如何做，以及如何与相连的元件协同合作。他们选择"草图"一词代替"程序"的原因我们也不是很清楚，但是我们确实喜欢这样说："我只加载一个草图到我的 Arduino 中。"

Andrew 5.0 的话

我想一个例子也许可以帮助读者理解一个草图是什么样的。代码清单 2-1 展示了一个简单的草图，可以使一个连接到 Arduino 上的白色 LED 闪烁和熄灭。

代码清单 2-1 一个使 LED 闪烁的 Arduino 程序

```
/******************************************************
闪烁：打开一个LED一秒钟，然后熄灭一秒钟，依此循环。
```

```
这个例子代码是不受版权限制的。
**************************************************************/
//Arduino板子的13引脚和一个LED相连
//给它一个名字
int led = 13;
//当你按下复位时，setup函数运行一次
void setup()
{
//初始化数字引脚作为输出
  pinMode(led, OUTPUT);
}
//loop程序一直循环运行
void loop(){
  digitalWrite(led, HIGH);      //打开LED（HIGH表示电压电平）
  delay(1000);                  //等待一秒钟
  digitalWrite(led, LOW);       //通过把电压拉低使LED熄灭
  delay(1000);                  //等待一秒钟
}
```

也可以在 arduino.cc/en/Tutorial/Blink 上找到这个程序。

就像不可能马上就学会说古希腊语一样，我们也不要求你现在就完全明白这个程序的意思，但是总有一天你会明白的，你只要记住这些程序只是用了一些你能够读懂的英文单词。我们会给你提供完成挑战所需要的所有程序，但是你还是要学习它们的工作原理，并在本书的指导下创建你自己的草图。编程是一件很有趣的事情，它能够让你真正地控制 Arduino，让你的小发明实现你能想到的一切功能。

在编程之前，你得先下载并安装 Arduino IDE，也就是先创造一个集成开发环境。你需要了解一点：这个软件工具是 IDE，可以用来编程，并将程序下载到 Arduino 上。

2.3　安装软件

我们不知道你是用 Windows、Linux 还是 Mac 操作系统来创建骨架的，但值得高兴的是，IDE 对这三个操作系统都是适用的。打开浏览器，访问 www.arduino.cc，点击屏幕上绿色菜单栏下的下载按钮，下载 Arduino IDE。下载与你的操作系统相匹配的 IDE 之后，点击"开始"按钮，然后根据提示安装软件，这个提示针对 Windows、Linux 和 Mac 操作系统有三种不同的版本，你要注意区别，选择适合自己计算机的相应版本进行安装。

注意

仔细阅读与你的操作系统相匹配的软件的安装说明，否则，很容易忽视一些关键细节，例如在 Windows 操作系统下，需要安装驱动程序。正如对生活中的任何事情一样，阅读说明对你是有好处的。

2.3.1　Windows 操作系统下的注意事项

在 Windows 操作系统下安装这个软件时，有一些事项，这里想与大家分享一下。如果你习惯了只是简单插入设备，然后让它工作，那么在 Windows 操作系统下安装这个软件，对你来说可能会有点复杂。因为你必须手动安装驱动，而不能盲目地点击"下一步"按钮。下面是在 Windows 7 上安装 IDE 这个软件的过程中得到的一点启示，希望对大家有所帮助。

提示

先浏览这部分的背景信息，然后登录 arduino.cc 找到 IDE 的官方安装说明，再根据提示安装，希望看到这些，能够让你有信心地跟着提示顺利安装好这个软件。

当你第一次插上设备时，Windows 会寻找驱动程序。但是搜索会失败，如果你点击查看更加详细的错误信息，将会看到如图 2-4 所示的对话框。不要担心，仔细阅读 Arduino 网站上的安装说明，你会发现这个错误是在意料之中的，所以不用管它，直接点击"close"按钮，根据提示继续安装。

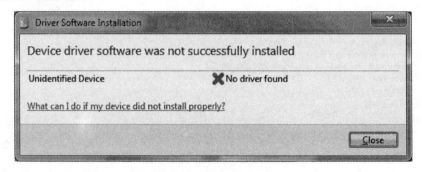

图 2-4　可以忽略的错误

当前 arduino.cc 上的安装说明提示你打开"设备管理器"，并在"端口（COM & LPT）"下找名为"Arduino UNO（COMxx）"的设备。图 2-5 是你需要寻找的设备节点。

最开始安装这个设备的时候，它显示的是"未知设备"。如果你还没搞清楚自己要找的到底是什么，拔下 USB 数据线，过几分钟后再插上。这个时候你会发现，当你拔下数据线的时候，"未知设备"在设备管理器的下拉菜单中消失了，再次插上时，它又出现了。安装好 Arduino 的驱动程序之后，在"端口（COM & LPT）"的下拉列表中会出现"Arduino UNO（COMxx）"。但第一次安装时，该设备被识别为未知设备。

在测试中注意到的最后一件事情是安装提示要求浏览一个名为 ArduinoUNO.inf 的驱动文件。在 Windows 7 中，不能浏览这个文件，只能浏览包含这个文件的目录。如图 2-6 所示，点击高亮的"drivers"目录，然后点击"OK"按钮，Windows 操作系统会自动找到这个特定的文件。

希望在这章开头部分提供的信息对安装有所帮助，记住 Arduino 网站上的安装提示可能与你在书上看到的有些地方有出入，仔细阅读这些安装提示，多思考，这才是成功安装这个软件的关键。

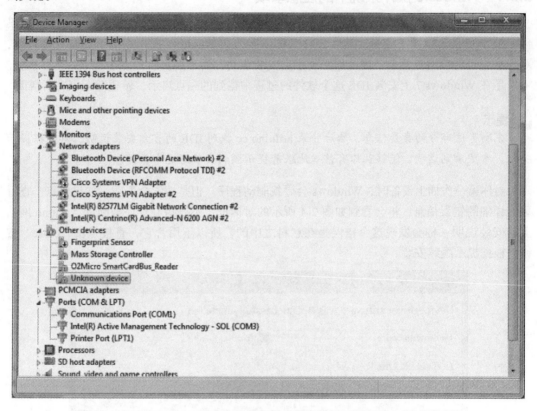

图 2-5　在 Arduino Uno 列表中首先安装"其他设备"菜单下的"未知设备"

图 2-6　包含 Arduino Uno 驱动文件的驱动目录

2.3.2 开发环境

软件和驱动程序安装完毕后，双击 Arduino 的 exe 可执行文件打开 Arduino IDE，这个图标可能在你的计算机桌面上，或者在"应用程序"文件夹中（Mac 操作系统），或者在"所有程序"/"程序"文件夹中（Windows 操作系统）。图 2-7 是打开 IDE 之后的显示界面。

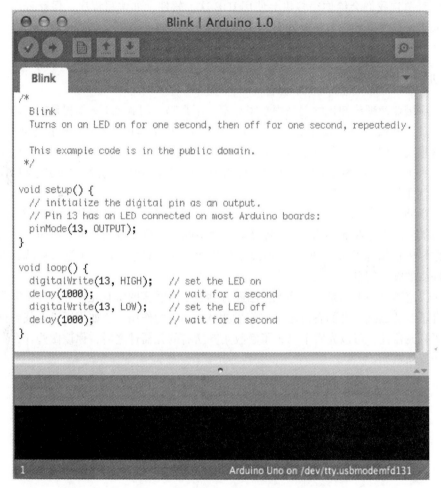

图 2-7　Arduino IDE 的显示界面

✋注意

安装 IDE 是非常简单的，你可以登录网址 http://arduino.cc/en/Guide/MacOSX 和 http://arduino.cc/en/Guide/Windows（分别适用 Mac 和 Windows 用户）。这些指南为 IDE 的安装过程提供了更多的详细说明，这样就能更好地运用这个有趣的软件了。这里没打算重温 IDE 界面的每一个菜单和按钮，但是如果你对 Arduino IDE 所有的功能和工具十分感兴趣，你可以更深一步地了解，这是一个非常好的软件。

IDE 像绝大多数软件一样，你可以命名一个新的程序文件，点击"文件"菜单下的"保存"命令，将它保存起来；你也可以修改一个已经存在的程序，点击"另存为"命令，用一个新的名字将它保存起来；你还可以通过点击"打开"命令（在"文件"下拉菜单中），打开硬件驱动中已经存在的程序，然后浏览你想打开的程序的路径。

不要着急！我们会给你很多机会使用 IDE 这个软件，如编写程序、保存程序等，你会像专业人士一样慢慢熟悉 IDE 这个软件，并积累足够的实践经验。

2.4　准备好了吗?

我们承诺要使理论知识学起来很短很甜蜜，不是吗？用 Arduino 编程是很有趣的，一大堆的编程理论和数学公式只会减慢大家的学习进度，但不是说学习这些理论不重要，相反，理论非常重要。但是我猜你已经迫不及待地想要玩转 Arduino，自己动手制作一些小发明了吧？ Elle 和 Cade 还被困在那个屋子里，你可能已经坐立不安，想做一个装置帮助他们离开了。那么就让我们动手吧！

第 3 章将告诉你如何用几个简单的元件接通 Arduino，顺便解释在本章中忽略的 Arduino 的各个组成部分，同时，将解释电子学中的一些重要概念。再次声明，我们的目标就是让你轻松快乐地学习 Arduino，所以希望你能原谅我们略带轻松地进入挑战，以及整个过程中提供的颇多信息。

现在快速浏览一下附录 A，确保你已经有挑战 1 所需要的所有元器件。如果需要的元器件你都有了，那么准备开始冒险吧，好好发挥 Arduino 的作用！（如果还没有找到挑战 1 所需要的所有元器件，可以先看下书，了解收集齐所有的元器件之后，你该做些什么。）

开始行动吧！

第3章

挑战 1：检查硬件

在第 3 章，准备好手中的 Arduino，这样就可以制作一些东西。但是将要制作什么呢？我们想告诉你，你将要创建一个技术性很强的计算机系统，它会控制一个救生舱，这个救生舱将会放大并解救 Elle 和 Cade。但是像其他任何你在生活中习得的技巧一样，成功的关键是从缓入手和从简入手。我们的第一个任务将是弄清楚用到的硬件资源，来完成这个发明，将 Cade 和 Elle 从被困的房间里解救出来。然而你很快就会看到，它不是一个复杂的发明。事实上，在你完成发明制作后，将 Cade 和 Elle 从被困房间里救出来的主要工作都将在第 4 章里完成。然后，在那之后，你将会大致了解你需要创建的草图，来确保你的发明制作正常工作。把握时间慢慢来。现在，让我们看看完成解救 Cade 和 Elle 的发明需要的硬件清单。

3.1 定位你需要的器件

对这第一篇关于硬件的章节，我们将要详细地查看挑战 1 的器件列表。我们将向你展示如何处理寻找需要的器件的工作，无论你通过网络供应商还是本地的元器件供应商 Radio Shack。在以后的章节中，我们可能偶尔提出新的元器件内容，但不会再涵盖前边章节中已经讨论过的部分。

重视来自 Andrew 的建议！我们最喜爱的人工智能提供了网站、书籍和其他提示等选择，因此你可以在一旁做一些研究。

同样你将会发现我们怎样命名家庭作业。在你完成这本书中的若干发明时，我们会介绍一些基本概念，如果你想要深入了解一个特定的主题，我们会为你提供一些网址，也有可能是一些书籍建议。（顺便说一下，本书作者就是这样学习的。）我敢打赌如果你被 Arduino 故障所困扰，你一定会想尽量多地学习——我们致力于给你提供资源，使你继续向前迈进。

3.1.1 电位计

对于挑战 1，你将要把一个电位计连接到 Arduino 上作为传感器使用。电位计是个很小的器件，它有一个旋钮，可以向前或向后旋转。你将旋转电位计上的旋钮来"拨号"，并发现旋钮的位置必须产生 0 到 9 之间的数值。这些数字将会用来模拟打开门锁时输入键盘的密码。

👆 **注意**

如果你还没有电位计，那也没问题。读完接下来其他部分的内容。然后记录附录 A 中完成挑战 1 所需要的器件。购买这些器件，在它们到手之后再回头阅读本章节内容。

理想的情况是，当你阅读每一篇紧紧联系的章节时，你的手边有每一个挑战所需要的器件。

我们现在立刻要做的事情是拿起电位计。拿到手了吗？好，很好。

它很微小，不是吗？很难想象这么小的一个东西竟然这么有用吧！电位计有很多种外形但是它们的工作原理是一样的。它们有可以移动的部分，可以顺时针或逆时针方向旋转，有时候是手动旋转，有时候使用小螺丝刀旋转。我们在挑战 1 中将使用的电位计是有旋钮的。电位计正中心可以向左或向右旋转。当旋转到头时就不要再强行旋转了，否则会损坏电位计。

理解电位计旋转的最好方法是观察水龙头的热水和冷水手柄。如果你一直将手柄打开，水将全速流出。同样如果你只将手柄打开一点，就只会得到细流。手柄控制流出水管的水量的大小。如果你有工具可以测量每分钟有多少加仑的水流出水管，你就可以实验得到手柄的不同位置，从而控制水流的大小，根据需要来让它流快或流慢。这样就可以控制它了！

所有的电子器件都使用电力来运作。电力可以来自电池，或者电源如墙壁上的适配器（也称作交流适配器）。电力是简单的电子的流动，这种流动可以通过一些装置来控制，如电位计。电位计增加或减小电路中的阻抗。向一个方向旋转减小阻抗，会产生更强的电子流动（称为电流，就像水流一样），旋转增加阻抗，会减小电流（或电子的流动）。

Andrew 5.0 的话

你可能会有兴趣知道电位计也称作可变电阻。我们还没有接触到电阻，因此我会告诉你有一个很小的电子元器件叫做电阻，它可以减慢电路中电子的流动。在你的探索中你将会使用电阻来保护其他电子元器件以避免被毁掉，如果施加在器件上的电力太大，就会对器件产生损坏。电阻通过减慢通过元器件的电子的流动来帮组保护器件。大多数电阻都有固定的值，表明它们可以提供的阻抗的大小。但是可变电阻的可变部分表明它可调整到不同的阻抗值。

想要获取更多关于电位计的信息，请访问维基百科 http://en.wikipedia.org/wiki/Potentiometer）。这里你可能发现自己淹没在大量信息中，但是你要知道，无论何时你有关于电子器件、特定原件，或者专业术语如阻抗的问题，你都可以通过搜索获得想要的答案。

最后一件事，我们希望你注意你的电位计底部的三个小桩。你看到它们了吗？每一个都

有一种功能。左边和右边的小桩将被连接到你将要制作的电路中，中间的那个将会用来获取电位计的电阻阻值（一个数值），这个值会显示在计算机屏幕上。在第 4 章节中会对此再做解释。

正如 Andrew 5.0 告诉你的，在组装一个电路时，阻值是需要考虑的一个重要因素。在本书中你将要完成的小发明都需要电力。但是需要多少呢？你可能听说过 9V 或 12V 电池。电压是一个简单的数值，它指明电池或者其他电源能提供多大的能量。回想一下关于水龙头的讨论。如果你完全打开水龙头，水流是最强的，对不对？那么，电池可以以慢速或全速状态给电路提供能量，而这个速度是由在电路里适当增减阻抗值来控制的。如果你想要控制在电路里加入的阻抗值，可以使用电位计，就像此时你手中的这个。

图 3-1 给出了不同类型的一些电位计。

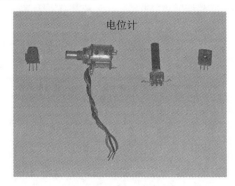

图 3-1　电位计的一些例子

3.1.2　无焊面包板

你将要在这本书中使用各种各样的元器件，它们中的许多都有突出来的导线和金属桩。元器件之间的互相连接就是简单地通过这些导线和金属桩来实现的。如果你想将两根不同导线的末端连接起来，有很多选择：

- *胶带*：你可以使用电胶带将两根导线连接起来，但这不是最好的方法。在弯曲的情况下，或随时间的流逝，导线可以在电胶带里移动并导致连接中断，这会阻止电流从一根导线流入下一根。
- *焊接*：你可以使用一种叫电烙铁（或者叫焊接笔）的特殊工具，以及一卷叫做焊锡的特殊金属，来连接两根导线。简单来讲，使用电烙铁将焊锡丝融化在两根导线的末端，当焊锡冷却之后就形成了一个强力的连接，难以断开。
- *无焊面包板*：你可以使用这种特殊的板子，它允许你将电路连接起来，而不需要将电路焊接起来。这是我们将要使用的方法。

接下来，拿起你的无焊面包板检查一下。最明显的特征是它上边的那些洞！它们是用来做什么的？这些洞是你将要插各种电子器件的导线和金属桩的地方（如电位计底部的金属桩）。

在这些洞的下方是小金属片。每个金属片一般连接 5 个洞，使它们共享一个连接点。任何导线和金属桩插入这些连在一起的洞中，表现出来就好像它们被焊接或用胶带绑在了一起，形成了一个单独的连接。

图 3-2 给出了一块无焊面包板。这块面包板的顶端面对读者的右边。你会注意到上边的洞是以 5 个为一组的，这些洞可以用字母（A、B、C、D 和 E，或者 F、G、H、I 和 J）以及数字（1 到 30）来指代。板子上总共有 30 行（5 个洞为一行——行 1，行 5，行 10，行 15……一直向上到行 30）。每一行都有 5 个洞。这些洞的每一个都属于一个字母——A、B、C、D、E、F、G、H、I 或 J。所以如果我们告诉你将导线插入 D-3，定位 D 列再往下移到行 3，你就会找到那个洞。

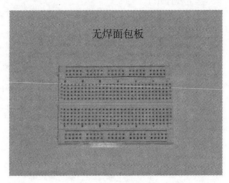

图 3-2　一块无焊面包板

但是在无焊面包板左右两个侧边上的洞是做什么用的呢？（你可以看到它们处于图 3-2 的上下两边，因为这块板被横向旋转了。）它们没有字母或数字标记，对吗？这些洞在构建电路时有非常特殊的作用。看着你的面包板，你会看到，在面包板的一侧，有两列被蓝线和红线夹在中间的小孔，以及在板的另一侧延伸的相匹配的蓝线和红线（和更多的小孔）。最靠近红线的小孔用来提供一个通向电源（或电压）的连接，这个电源可以来自 Arduino 或电池。最靠近蓝线的小孔用来将元器件连接到地（GND）。现在这些可能不太容易理解，我们也不想讲解太多关于电压和地线的技术让你感到无所适从，所以我们将在第 4 章详细讨论如何使用电压和地线孔列。但是不要担心——随着对本书的理解不断深入，你将理解更多类似的东西。

Andrew 5.0：家庭作业

无焊面包板在建立电路的实验中非常有用。因为可以轻松地移除导线和金属桩——不像焊锡，必须重新融化以断开连接——你可以快速改变电路并移动器件的位置。

而且，顺便提一下，如果无焊面包板上没有字母和数字，那也很容易解决。只用拿两只记号笔，尽量是蓝色和红色的，然后写上数字 1、5、10、15……一直到最后。在分组的 5 个孔的上方写上字母 A、B、C、D 和 E。最后，在无焊面包板的两侧从上到下画上蓝线和红线，标明电源和地的连接孔。

　　我也想给你几个无焊面包板的教程。要看无焊面包板被移除上边一层壳后是什么样的，访问网址 http://eecs.vanderbilt.edu/courses/ee213/Breadboard.htm。要看关于无焊面包板各方面讨论的视频，访问 www.youtube.com/watch?v=oiqNaSPTI7w。如果你暂时无法理解一些讨论也不要担心。最后，想要了解关于无焊面包板的所有事情，移步 http://en.wikipedia.org/wiki/ Breadboard。

3.1.3　Arduino Uno

　　Arduino Uno 是这本书中你将要搭建的电路的大脑，有了它，你就可以实现很多初入门电子设计爱好者几乎无法完成的功能；创建一个项目，允许软件控制 Arduino。图 3-3 展示了 Arduino Uno。(如在之前章节提到的，其他 Arduino 设备如 Duemilanove 也可以实现功能。)

　　如前所述，随着本书内容的进展我们会循序渐进地解释 Arduino 的细节。到本书内容完结的时候，你就会对 Arduino 如何工作更好以及这些表面上看来陌生而且神奇的东西可以做什么有更好的理解。

　　本章稍后的内容要给你展示关于 Arduino 的第一件事，如何给它提供电源。要给 Arduino 传输能量，你需要如图 3-4 所示的 USB 线，图 3-4 也展示了顺利完成挑战 1 所需要的其他一些元器件。这些东西并不多，不是吗？

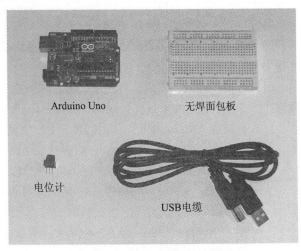

图 3-3　Arduino Uno 实物图　　　　图 3-4　完成挑战 1 所需要的所有硬件

3.1.4　导线

　　为了将电子元器件、Arduino 和面包板连接在一起，你将要需要一种称为"跳线"的导线。你可以自己做跳线，只需要买几股 AWG 20 或 AWG 22 导线（参看附录 A 零件号码建议；结实的导线最好，但是如果你只能找到软导线，也可以拿来用），然后用剥线钳（参见附录 A）将导线末端削剪齐整，或者你可以购买预先修剪好的各种长度的导线。图 3-5 展示了一股导线和预先修剪的跳线。（预先修剪的导线非常棒；如果你能得到，那么强烈推荐使用。）

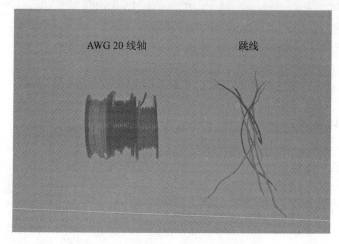

图 3-5　一股导线和预先修剪的跳线

3.2　构建小发明 1

呜呼！好，到搭建电路的时间了！如果你已经集齐图 3-4 所示的所有硬件和用来连接元器件的导线，就可以准备开始了。在本节中，会一步接一步地创建电路。然后，在第 4 章，你将要学习如何给 Arduino 发布指令。

因为有很多挑战，挑战 1 可能没那么让人兴奋。但是在幕后有很多事情要做。现在，整理你在图 3-4 中看到的条目，让我们开始准备搭建小发明 1 吧！

1. 水平放置 Arduino Uno，如图 3-6 所示，然后靠近观察它上部的表面部分。你会看到两个小的黑色长方形，它们连接在 Arduino 的蓝色表面上。它们称作排插，在它们上面都有 6 个孔。这些孔中的一个标示为 5V（接 5V 电压），还有一个标示为 GND（接地）。现在插入一根导线到 Arduino 的 5V 引脚的排插孔中，并插入另一根导线到标示为 GND 引脚的排插孔中。将 5V 导线的另一端插入面包板的 A-17 位置的孔中，如图 3-6 所示。然后将 GND 导线的另一端插入面包板上 A-15 位置的孔中（同样，如图 3-6 所示）。你需要在面包板上那两根导线插入的地方之间空留出一排孔。在下一步，图 3-7 展示了插入面包板的导线的特写。

2. 拿起电位计并按照图 3-7 所示插入面包板中。确保电位计的三个引脚的放置，以保证中间的那个引脚插入面包板上位于连接 5V 和 GND 导线的两排孔之间的空出来的那一排上。小心地往下压，以确保电位计稳固地安装在面包板上。

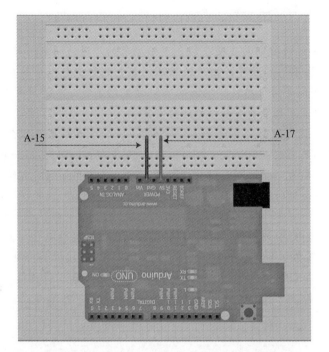

图 3-6 连接 Arduino 和面包板的最初的两条导线

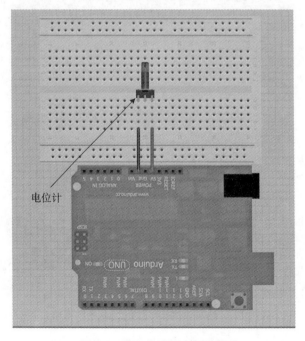

图 3-7 将电位计插入面包板

> ### Andrew 5.0 的话
>
> 你可能已经注意到图中的连接导线是不同颜色的。黑线用来连接 GND，红线用来连接 5V。你不必用不同的颜色，但是使用不同颜色的导线可以帮助查错。红色导线常常用来表明一根导线是为电路提供电源的，同时黑色导线一般是用来连接 GND 的。绿色和其他颜色的导线用来做所有其他的连接。
>
> 顺便提一下，你可能会疑惑这个称作地或 GND 的东西到底是什么。想要了解更多信息，去看一看维基百科：http://en.wikipedia.org/wiki/Ground_(electricity)。如果你对地的概念还不是很理解也不要担心。你可以搭建电路，而不用知晓所有的奇怪和令人疑惑的技术；那些知识会适时出现的。

3. 接下来你将要使用另一根跳线（在位置 A-16）来连接电位计中间的引脚到 Arduino 上标签为 A0（模拟输入 0）的排插上。图 3-8 显示了一根新导线的特写，它插入在 5V 和 GND 之间的孔中，5V 和 GND 导线与电位计连接。

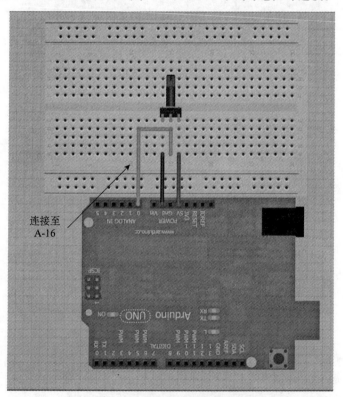

图 3-8　连接电位计中间的端口与 Arduino 的模拟输入 0（A0）

图 3-9 显示了插入 Arduino 的排插孔（A0）的绿色导线。猜一下什么情况？没错！电路搭建完成了！

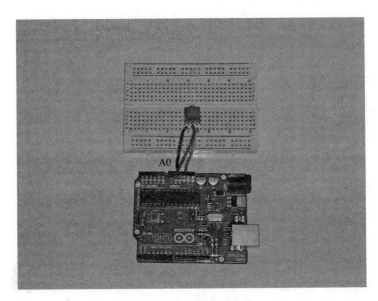

图 3-9 完成搭建的电路

3.3 下一步是什么？

所以现在你可以欣赏组成小发明 1 的电路了。你可能会问自己，"好吧，然后呢"（或者你可能问自己，"披萨店的电话号码是多少？在这个制作完成后，我有点饿了！"）

那么，你有三件遗留的事情要做：

1. 创建将载入 Arduino 的一个草图（或程序）。

2. 将 Arduino 与笔记本计算机或计算机连接。

3. 打开门，从房间里放出 Cade 和 Elle。

在第 4 章，你将要做这三件事。你将要学习如何给 Arduino 编程，让它成为一个键盘修复工具，以及学习如何输入需要的 4 个数字来打开门。你将要使用一个小窄槽螺丝刀来很好地旋转电位计，找到对应键盘上不同数字的不同的阻值。这将会很有趣，所以翻到下一页开始读吧——Elle 和 Cade 在等你呢！

第4章

挑战 1：检查软件

在第 4 章，我们准备用在第 3 章组装的小装置去解救 Elle 和 Cade。所以，这一章是关于什么的呢？你将要学习 Arduino 集成开发环境的一些基础知识和如何使用它去创建草图（程序），程序会被加载到 Arduino 的小装置中，帮助 Elle 和 Cade 通过到达 Andrew 的门。但是首先你需要了解 Arduino 集成开发环境。

关于使用 Arduino 创造小发明的编程方面令人却步。许多人把学习编程与学习说一门外语相比，但是我们认为，学习使用 Arduino 绝对没有学习日语或法语那么难。只要你看过这一章，即使你只有一点点编程能力，你也能使用 Arduino 做许多东西。

我们想要你在阅读这章时记住一件事，无论如何，没有人强迫你学会我们教的所有东西。我们提供了大量的参考书，你可以广泛阅读和学习你想要的。我们在本章的目标仅是让你使用 Arduino 和查看程序如何在硬件上运行。接下来，我们会明确地向你介绍一些编程基础和专业术语，所以请集中注意力，同时请享受挑战的过程。

4.1 Arduino 集成开发环境

双击计算机桌面上的集成开发环境按钮。所有奇妙的事会发生在图 4-1 中空白的窗口中。这里用"奇妙"是什么意思呢？是因为在空白的窗口会出现一些文字、数字和其他的文本，它们说明如何操作你在第 3 章建立的 Arduino 小发明。窗口就像你曾使用过的其他软件工具——它有菜单栏和按钮，还有一些特殊的弹出选项和你曾学过的控制按钮。首先要注意的是，在"文件"、"编辑"和其他菜单下的按钮："检验"、"上传"、"新建"、"保存"和在最右边的"串口监视窗"按钮。从现在开始，我们将使用"检验"、"上传"和"串口监视窗"这三个按钮。

这三个按钮有什么用处呢？其作用如下：

检验： 使用"检验"按钮以确定你的软件没有语法错误。语法错误与拼写错误相似。如果你错误运行了一条指令或小程序，Arduino 集成开发环境就会发现这些错误并告诉你，这样你就可以改正错误。

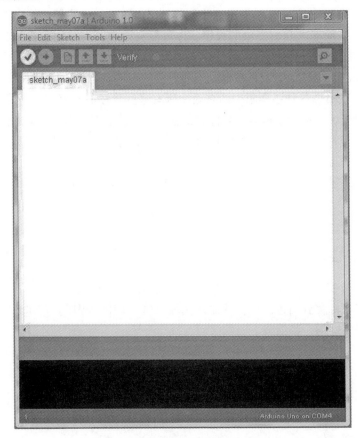

图 4-1　Arduino 集成开发环境窗口

上传：如果没有发现拼写或格式错误，"上传"按钮可以同时检验和上传一个程序到 Arduino。上传时，必须通过 USB 线连接 Arduino 和计算机。一旦程序上传了，可以拔下 USB（尽管使 Arduino 连接你的计算机会方便很多，因为你可以修改程序或者使用串口监视窗功能）。

串口监视窗：使用这个按钮可以打开串口监视窗并查看来自 Arduino 上的串口的数据。把串口监视窗视为与 Arduino 进行"通话"的工具，你可以使用它查看感兴趣的事。例如，如果你把温度传感器与 Arduino 相连，那么可以使用串口监视窗来观察温度传感器检测到的温度的显示（常常称为实时）。

提示

在第 2 章告诉过你在哪里下载集成开发环境和安装方法，但是万一你没有时间安装 Arduino 集成开发环境，这里再次重复上述信息。

Mac 版本　http://arduino.cc/en/Guide/MacOSX

Windows 版本　http://arduino.cc/en/Guide/windows

这里还有一个问题需要注意，在图 4-1 所示的 Arduino 集成开发环境中，窗口有一大片空白区域，你就在这个位置编写程序，并上传到 Arduino 上。我们会给出本章中挑战 1 的程序，用键盘准确地输入我们提供的程序。你可能会发现一些单词和符号会显示特殊的颜色——Arduino 集成开发环境使你阅读程序更加简单。下面会马上讨论这个问题。

屏幕上需要注意的其他区域是在窗口底部黑色的矩形。当你上传程序到 Arduino 时，你会看到在这个区域出现各种各样陌生的东西。所有这些奇怪的数值和句子都是完全正确的。当调试程序的时候，或更确切地说，当你尝试在程序中找到错误时，屏幕的这块区域对你来说是最有用的。有时候，屏幕的这块区域会准确地告诉你，程序的错误在哪里——这是非常有用的。

现在，你了解了一点关于 Arduino 集成开发环境的知识，可以创建一个程序来帮助 Elle 和 Cade 了。

4.2 挑战 1 程序

准备好让在第 3 章中连接好的小装置运行。给 Arduino 连上电线后，再打开 Arduino 集成开发环境。把鼠标移到白色区域，并输入代码清单 4-1 中的程序。在你输完程序之后，我们会详细讨论程序中的一些细节。

代码清单 4-1　Arduino 软件的第一个项目

```
void setup() {
//启动串行端口
Serial.begin(9600);
}
void loop() {
//把sensorValue赋值给读取模拟器接口0
int sensorValue=analogRead(A0);
//把mappedSensorValue赋值给map()函数
int mappedSensorValue=map(sensorValue, 0,1 023,0,9);
//把mappedSensorValue传送给串行端口
.Serial.println(mappedSensorValue, DEC);
}
```

👆 注意

你也可以从 http://arduinoadventurer.com 站点上下载包含了程序的文本文件。然后粘贴复制代码到 Arduino IDE 中。

好了，输入程序之后，你可能会有一些疑问。可能会有许多疑问！不管你相不相信，代码清单 4-1 确实是一个非常简短的程序。许多程序能够有许多页，一些复杂的程序可能会有成千上万行。这里的程序不到 20 行，所以我们简单地讲解几个重要的问题。这不会花很多时间，然后你就可以运行这个程序了。

> **Andrew 5.0 的话**
>
> 很抱歉打断你，但是我想要指出，你能够通过访问 http://arduino.cc/en/Tutorial/
> HomePage 发现许多程序例子。
>
> 在这个网页上，你会看到程序做了许多事。你现在没有必要了解它们做了什么，
> 但是你可能会觉得看看不同程序的长度和复杂度的变化是有用的。
>
> 你甚至可能会发现 1～2 个你感兴趣的程序。如果感兴趣，那么可以根据教程中的
> 指导来运行这些程序。

4.2.1 开始程序

首先，让我们从如何创建程序入手。看代码清单 4-1 的第一行。

```
void setup{
```

你现在不需要了解程序中使用 "void" 这个字符的原因，或是那个陌生的符号 "{" 有
什么用处（常常称作花括号）。你需要知道的是，在本书中使用的程序全部以这种方式开头。
如果忘记了这一行，程序不会工作。你可能会熟悉圆括号（就像这句话的开头和结尾），这
是用来包含一些文本，并且一个左圆括号总是与一个右圆括号相匹配。符号 "{" 就像圆括
号那样。在程序中，"{" 和 "}" 之间的东西是有关联的，并且作为程序的一部分一起工作。
明白了吗？如果没有也不要担心，过一段时间就会理解的。

你可能没有理解 "启动" 的意义，然而，当 Arduino 执行程序的时候，所有在花括号符
号之间的代码是程序启动过程的一部分。启动部分仅告诉 Arduino 如何自动准备。对于挑战
1，你看到在符号 "{" 和 "}" 之间的文本（也叫做代码）启动部分，告诉 Arduino 去接收
电路中的可变电阻器的和串口监视窗的通信。

但是 Arduino 实际上是如何接收的呢？好问题！让我们继续检查程序吧。

4.2.2 配置串行端口

我们已经看过第 1 行了，现在看第 2～4 行：

```
//启动串行端口
Serial.begin(9600);
}
```

第 2 行是注释行。你曾经读过指导手册吗？注释提供解读程序的指导。好的程序员（或
是编码员）知道，编写程序的时候，解释一行代码或是一部分代码的用途是个好主意。使用
Arduino 集成开发环境时，通过把 "//" 符号放在文字的前面来说明该文本是注释。紧随其
后的就是对程序的解释。

所以第 2 行代码 "// 启动串行端口"，是说明接下来的程序可以帮助 Arduino 与串口监
视窗通信（使用串行端口或 USB 连接）的注释行。

第 3 行代码看上去意思不明确，它简单地介绍了 Arduino 在通信时的速度。这样，串口监视窗会与 Arduino 以 9600 bit/s 的速度进行通信。

注意第 4 行是结束符号 "}"。这是在告诉我们，程序的启动部分已经结束了。

👆**注意**

重复一遍，可能现在看起来有一点奇怪且不容易理解，但是在阅读本书的过程中你将开始学会一些编程知识。所以如果你没有理解，现在也不要烦恼。只要记住 "大师也是训练出来的"，再继续努力学习。

4.2.3 侦听串行端口

现在你已经配置好了串行端口，下一步是侦听串行端口的信息。现在看下一部分代码：

```
void loop ( ){
```

void loop() 是什么？好问题。现在不要担心 void 这个部分，我们先看一下 loop() 这个部分。loop 有什么作用呢？它会一直持续不断地工作，直到永远，对吗？程序的这一部分用来启动一个进程，这个进程会一直运转直到你选择结束，例如，有可能是因为 Arduino 和计算机的断开导致结束。

符号 "(" 和 ")" 是用于更高深的编程知识的。所有你现在需要知道的是，有一些文本可以被置于括号之间，尽管大多数情况下是空着。但是 (…) 的排列是需要的。void loop() 这部分是用于启动另一个会持续运行的部分。在开始符号 "{" 与结束符号 "}" 之间的所有的语句会不断运行下去。

但是，是什么东西不断运行下去了？

这是下一部分的代码：

```
//把sensorValue赋值给读取模拟器接口0
int sensorValue = analogRead(A0);
```

我们又一次看到了注释：// 把 sensorValue 赋值给读取模拟器接口 0。

Andrew 5.0 的话

设置传感器的值的注释是令人疑惑的。所以这里再解释一遍。代码的下一部分让 Arduino 读入一个端口的连接，特别是编号为 0 的模拟端口。稍后你将会了解模拟端口和数字端口的区别，但是现在你需要知道 Arduino 能通过使用模拟端口和数字端口与电子器件相连接，每个端口分配一个数字编号。如果你仔细观察 Arduino，你可能会注意到一些头部（参考第 2 章）标注为 A0，A1，A2，…一直到 A5。数字端口同样是这样，这些编号在其数字之前没有 D，范围在 0～13。

所以，Andrew 讲述的是可变电阻器可以为 Arduino 提供值。这个值在现在是不可知的，并且会随着零件上的按钮的简单调节而变化。记住可变电阻（也叫做滑动变阻器）起阻碍电

流的作用，是高电阻还是低电阻取决于滑动变阻器滑片的位置。电阻的值由 Arduino 通过模拟端口 0 送至串口监视窗。

那么 Arduino 是如何做到的呢？很简单！Arduino 把从可变电阻器传来的值存储到特殊的存储区域，这个值叫做变量。变量是可变的。把变量视为 Arduino 中的容器，这个容器可以放置文本和数字并将其存储直到需要使用的时候。Arduino 可以存储大量变量数值，有趣的是你得为其命名。在这个例子中，我们创建了一个叫做 sensorValue 的变量，并使它等于从模拟端口 0 读入的值。

你可能会好奇 int 这个部分，对吗？那代表了整数——一个整型的数值——简单地表示提供给 Arduino 的值必须是一个整型数值。就像 1、5 或 1000。

不可以是小数！负数也可以。所以可变电阻会报告出 5 或 50 这样的值，而不是 5.532 或 50.89。数值会以整数存储，这样更容易理解。

4.2.4　把输入转化为数字

现在解释代码的下一行。

```
//把mappedSensorValue赋值给map()函数
int mappedSensorValue=map(sensorValue,0,1023,0,9);
```

简言之，注释说明可变电阻器将会给我们一个值（我们知道会很大）并且必须通过使用一个叫做函数的特殊工具来转化这个值。函数执行特定的操作。你通过把值输入到含有参数的程序来使用一个函数。本例中使用了 map 函数，map 函数带有一个大数值，并将大数值按照可以被较小的数字集合表示的方式分组。

一个可变电阻器并不传送 0～9 范围的值。它传送 0～1023 的值。如果需要将可变电阻器阻值调节一个很小的变化量，如从 1001 到 1002 或者从 348 到 349，这种程度的控制很难用手指来完成。我们通过把 1024 分成 10 个适当的等长的部分来使之变得简单一点——把剩下的值压缩在最后一个部分。（共有 1024 个部分，因为包括 0，所以 0 到 1023 等于 1024 个部分。）当刻度表定位为 0 到 102 的时候，我们认为它等于 0。从 103 到 205，我们认为是 1。表 4-1 展示了基于我们刚刚讨论的模式的从 0 到 9 的变化。

表 4-1　将电位计阻值映射为 10 块

低	高	块编号
0	至 102	0
103	至 205	1
206	至 308	2
309	至 411	3
412	至 514	4
515	至 617	5
618	至 720	6

（续）

低	高	块编号
721	至 823	7
824	至 926	8
927	至 1023	9

所以 int mappedSensorValue=map(sensorValue,0,1023,0,9) 这部分的代码仅是取得可变电阻器存储在 sensorValue 变量（在 0～1023）中的值，并把它转换为与之匹配的 0～9 的一个数字。这个新的值存储在一个新的整数变量 mappedSensorValue 中。这个数字总是在 0～9。

记住 Elle 和 Cade 会给门锁的键盘提供编码，这个 4 位数由 0～9 的四位数组成。编码可能是 1234、8207、4488 或者甚至是 9999 这样的数字。但是这些九位数值是人类习惯使用的。

4.2.5　显示结果

简单地给可变电阻器赋予一个值，不告诉我们 0～9 的结果是什么。然而，我们确有需要知道这个。所以这就是串口监视窗的用处了。把一些代码加到程序中，程序使映射电位计的值显示在窗口上。我们使用最后一部分代码来完成。

```
//把mappedSensorValue传送给串行端口
Serial.println(mappedSensorValue,DEC);
}
```

希望你可以理解最后两行代码。第一行是注释，简单地告诉我们程序的下一行代码会取得存储在 mappedSensorValue 变量的值，并把它传送给串行端口。

代码的最后一部分把 mappedSensorValue 变量值以十进制的形式传送给串口监视窗。这仅仅意味着你会看到数字就如同与图 4-2 中一样，在屏幕上向下滚动。

但是这些数字意味着什么呢？他们在这里会给我们什么帮助呢？

现在，让我们通过看小发明与程序一起工作来完成挑战 1。

图 4-2　滚动值实时显示电位计的值

4.3　解决挑战 1

这里有最大的秘密，你准备好了吗？

密码是 8294，知道了吗？你需要通过使用一个小的螺丝刀测量电位计，用来校正可变电阻器的值，所以你会在串口监视窗上看到不同的值。你可以通过在纸上做记号来记住每一个值的位置。就如音乐的音量控制器，或者是烤炉表盘周围的数字代表了烤炉的温度设置。

首先，从 http://arduinoadventurer.com 下载并打印挑战 1 的挑战卡。把它打印在一张卡片上，卡片会比标准的打印纸大一点，并且准备一支钢笔或者铅笔。现在，按照下列步骤来运行挑战 1。

1. 使用 USB 连接 Arduino 与计算机。

2. 打开 Arduino 集成开发环境，并打开代码清单 4-1 中的程序。

3. 点击 Arduino 集成开发环境上的上传按钮，上传程序到 Arduino 中。

4. 通过点击在 Arduino 集成开发环境的最右上方的串口监视窗按钮，来打开串口监视窗。（这和按钮的图片看上去像一个放大镜。）

5. 观察屏幕上滚动的值。

6. 逆时针旋转可变电阻器的标度盘直到它停止。通过使用永久的标记或者小颜料在电计位的移动表盘上打点。

7. 校正可变电阻器的值，在 0～9 的挑战卡上做记号。例如，给可变电阻器赋一个很小的值，并持续地观察在屏幕上滚动的数字 1，记录在有小点或者在电计位记号挑战卡上的数字 1。从 0～9 重复上述操作，创建你自己的数字表盘。

8. 定义了在挑战卡上所有的九进制的值之后，通过先拨号 8 来输入密码 8294。接着拨号 2，然后是 9，最后拨入密码的值 4。

恭喜你成功地配置了一个可以支持值为 0～9 的可变电阻器，能够使 Cade 和 Elle 欺骗键盘使之接受来自 Arduino 的密码，从而代替损坏了的键盘。

还有就是恭喜你从头至尾地完成了第一个挑战中的任务。

第5章

损 害 评 估

Elle 输入 Andrew 提供的门密码的最后一个数字。兼容控制板和可变电阻被悬空的跳线带动得晃动了起来，Elle 很小心地不去碰撞整个装置，这个装置是由 Andrew 指导构建的。

"好吧，Andrew。"Elle 说，"应该是这样做吧。"并没有出现蜂鸣器或者滴答声提醒他们代码已经正确提交。Elle 透过手指看着 Cade。

Cade 对 Elle 点头，笑着说："干得好！"

"好了，在门前晃一晃手。"Andrew 说道，他的声音通过关闭的门传出来，显得有点低沉。

Cade 举起手来，在门前来回晃动。他脸上的表情告诉 Elle，他并不相信他们仅仅花了 15 分钟就连接好的小电路能起作用。

但是门在响亮的刺耳声中打开了。

"它起作用了！"Cade 和 Elle 一起欢呼起来。

Cade 转过来给了 Elle 一个大大的拥抱。

Elle 的脸都红了，她只是拍了拍 Cade 的背，然后把他推进门，走进 Andrew 5.0 展览室。

5.1 Andrew 的脸

Cade 和 Elle 环视封闭的大房间，周围是白色的墙。房间的中央摆放了 4 排椅子，总共 10 把，略微有些拥挤，不过这是房间内仅有的家具。四面墙上挂着彩色的屏幕，画面是随机变化的。屏幕上的图案很漂亮，几乎让他们忘了现在的处境。

Cade 问："Andrew，是你吗？"

三面墙的颜色在变化，然后屏幕上慢慢演变成一个男性的电子脸，正对着 Cade 和 Elle。这张脸他们俩都认识，他曾经出现在历史书上，而现在正笑着面对他们。

"你们好，Cade，Elle。很高兴见到你们。"

Elle 将遮住眼睛的一缕头发拨开，笑着说道："Andrew，很高兴见到你，多谢你的帮助。"

"欢迎你们，但是现在时间很紧，现在你跟 Cade 需要尽可能快地离开这儿。我不知道发生了什么紧急情况，但是工作站的人工智能系统在下令强制撤离工作站。" Andrew 说道。

Cade 点点头，远离进来的门，朝着另一个相反的门口走去，问道："这个门看起来很安全，它是通向哪里的？"

Andrew 看向那扇门，然后看着 Cade 说："我给你指一下最近的逃生路线，它是在第一层，但是首先我得确定没有给你带来任何危险。在 6 楼和 10 楼有其他的逃生通道，我得先跟工作站的人工智能系统联系，看发生了什么情况，然后再决定把你们送到哪。"

Elle 说："我觉得你现在可能无法联系上工作站的人工智能了。"

"确实是这样。所以我需要你帮助我解除阻止我联系工作站的通信节点。" Andrew 说。

"好的。" Cade 回答道："我们需要怎么做？"

突然一个响亮的爆裂声让他们吓了一跳。Cade 和 Elle 转过身，看到房间后面的巨大的白色地板慢慢地升起来，直到与地面垂直。

"你们其中一个人需要找到我的主控制单元，它在房间下面的访问区域。那里有一个脱开安全器，可以释放这里的控制权，然后你就访问通信节点。"

Elle 盯着地板上暴露出来的洞。说道："Cade，你知道我讨厌狭小的空间。"

"我讨厌蜘蛛。" Cade 回答。"不过没问题，Elle，我来做。"

Elle 叹了口气，笑了，"谢谢！"

Cade 走到房间的后面，站在那看着下面的访问区域，说道："Andrew，下面有一点黑。"

"是的，现在紧急照明已经打开了，所有的备用电源都调整到微亮状态来省电。你跟 Elle 有手电筒吗？"

Cade 望着 Elle，摇摇头。

"Andrew，我们都没有。" Elle 回答，"很遗憾。"

"那里线圈匝数很多，Cade 必须得找到我的通信节点。而且还得找到并读取各种部件上的一些鉴别分类文本。"

Elle 环顾房间，"这里什么都没有，我们刚进去的房间呢？你之前说你那里有所有物资的清单，有手电筒吗？"

"我来找找……" Andrew 回答道。"清单中没有手电筒。但是有 2735 个 LED，其中 587 个是白色的。"

"LED？" Elle 问道，"你是说 LED 吗？"

"是的，LED。兼容控制板很适合做一个照明设备。" Cade 对 Elle 笑了一下，然后盯着墙壁说道，"听起来不错，我们来试试吧。"此时墙壁正在显示 Andrew 的电子脸。

5.2 尴尬的 Cade

接下来的十分钟 Cade 一直皱着眉毛。

"别这样。" Elle 说道，"没有人想看着你了。"

"如果有任何一张照片出现在学校，你要付肖像费。"Cade 说道。

Elle 咯咯地笑了，"你应该让我拍一张照片，记住这一刻。"

"Elle……"

"开玩笑的。"

"你准备好了吗，Cade？"Andrew 问道。

Cade 转过来直接盯着 Andrew，"还没有，Andrew……我认为 Elle 需要给我提供更亮的灯光。"

"这个房间的光线传感器给你提供的灯光足够检测访问区域了。"Andrew 说道。

"他在冷嘲热讽，Andrew。Cade 只是对我的临时照明方案有点为难。"Elle 说道。

Cade 低头看着他的衬衫和裤子，跟 Elle 说道："我会记住这个的。"

Elle 笑着点了点头，"我也是。"

Andrew 告诉他们怎么连接 Arduino、LED 和电池，然后指导如何设计手工的手电筒。Cade 往老式的笔记本里输入了程序，在之前的门代码小发明中用到的也是这个笔记本。同时 Elle 已经拿到了几块 Arduino、LED 和电池来做更多的手电筒。然后她从工具箱里拿出一卷胶带，把手电筒绑到 Cade 的衣服上。一个绑在他的胸口，还有一些绑在他的手腕和两边的肩膀上。

Cade 摇了摇头，"你也跟我一起去下面狭小的空间，没的商量。"

Elle 尝试着紧绷着脸，但还是忍不住笑出来，"我很抱歉，去吧……Cade。"

Cade 通过门走到地板下面。门与访问区域之间的空间很小，还不到三英寸，所以 Cade 只能爬行着去寻找通信节点。

"我来给你指方向，Elle。"Andrew 说，"你可能需要大声点才能让 Cade 听到。Cade，你需要沿着屏幕的方向向下走大约 15 英寸。"

"收到。"Cade 回答，然后继续在狭小的空间向前爬。

"当他到了 T 字型路口，告诉他往左边一直向前走 10 英寸。"

Elle 把头伸到入口处，大声地向 Cade 重复的 Andrew 的指示。

"你需要大声一点。"Cade 回复道，"这里面有回声。"

"很抱歉。"Elle 大声叫道。

"Elle！不要叫！"

"很抱歉。"她轻轻地说。

"好的，Elle……告诉 Cade 拉开他右边的红色手柄，上面标注了节点入口。另外一块面板需要打开，他需要在隧道中前进 10 英寸。"

"Cade，你需要拉开红色的手柄……"

5.3　解锁

Cade 按照 Elle 的指导，找到了安全释放开关。他打开开关，墙上的投影仪上是 Andrew

的脸，在他的脸旁边找到了一个隐藏的面板，面板突然打开，出现了 Elle 的脸。她正盯着小面板，Cade 的突然出现吓了她一跳。Cade 从访问区域里面站起来说："我回来啦！"

"我认为把灯关掉安全一些，手电筒男。"Elle 说着走过去伸出手把 Cade 拉上来。

Cade 将胶带和电子设备从衣服上扯下来。"哈哈，你好有趣啊。好吧，我打开了你说的开关……发生了什么？"

Elle 说："是的，面板打开了。"

"我们今天都在谈论这个神秘的面板，是吗，Andrew？"Cade 问道，"它到底是什么？在我看来就像是一个键盘和一块屏幕。"

"当我移动到那，安装的接口板限制了我对工作站的访问权限。它是一个基本的锁和钥匙，阻止了我进入工作站的网络。"Andrew 回答。

"为什么有人要限制你对工作站的访问权限？"Elle 问。

Cade 皱眉。"这个似乎很糟糕。你基本上是被困在这个房间吗？"

"我可以收到数据来告知我系统发生的任何情况，但是我的任务是通知和训练进入我的发展基地的人员。"Andrew 说。"现在回答你的问题，Elle，工作站只有一位人工智能能够操控整个系统。两个或更多的人工智能控制工作站会造成资源的浪费。"

"对于人工智能来说，将你锁在房间是最好的选择吗？"Cade 问。

"这是我的任务。"Andrew 回答。

"好吧，我不喜欢这样，"Elle 说。"我们离开工作站之后，我要去投诉这种做法，这像一个监狱。"

"很感激你，Elle。但是先解决目前的问题吧。你们俩要尽可能快地离开工作站。如果你们帮我重建与工作站人工智能的联系，我会试着访问工作站来保证你们的安全。"

Elle 皱眉。"好的，告诉我们应该怎么做。"

"我仅需要你提供一个通信节点的密码。你可以通过键盘输入。"

"好的，密码是什么？"Elle 问。

"别告诉我密码就是"passport，"Cade 笑着说道，"或者 1-2-3-4。"

屏幕上 Andrew 的脸笑了。"不是的，Cade，密码有点复杂，而且你只有三次正确输入的机会。输入时小心一点，Elle。"

"准备好了。"Elle 回答。

"5-A-7-9-4-B-Q-2-T-7-9…"Andrew 开始说，他在每个数字或者字母之间都停顿了两秒。

Elle 继续输入密码，输入 30 个字符之后，她完成了。

"你需要我重复一遍再校对一遍密码吗？"Andrew 问。

"好的。"Elle 说。

"5-A-7-9-4-B…"Andrew 再一次重复了整个密码。

"没错，Elle。"Cade 说。

"多谢。是对的，Andrew，接下来按进入吧？"

"是的，Elle。"

Elle 点击了键盘上的进入按钮，她期待 Andrew 正在使用的显示器会突然出现噪声或者一些其他的变化。但是实际上什么都没有发生。

"Andrew？"Elle 问道。

屏幕上 Andrew 的脸停止了移动。Elle 屏住了呼吸，她认为一定是有一些地方出错了，但是接着 Andrew 的眼睛转动起来，直接盯着 Elle。然后他笑了。

"我已经可以访问整个工作站了。给我一点时间分析当前的情况。"

Cade 看着 Elle，脸上露出担心的神情。"我们怎么样检查工具箱和兼容控制板？我有种感觉，我们有一些小配件没带上，Elle。"

Elle 点点头，"是的，抓住你能拿到的所有东西。"

Andrew 的声音把他们吓了一跳。"工作站状况评估完毕。Cade…Elle…情况不妙。抓紧时间拿好下面的盒子。12 号，52 号，31 号…"

第6章

挑战 2：了解有趣的东西

我们本来准备将第 6 章命名为：不令人讨厌的东西（我们保证！），但是编辑认为如果这样读者或许会直接跳过本章进入第 7 章。然后我们又打算命名为：关于 Arduino 更多的细节，但是这个让编辑昏昏欲睡。因此我们决定继续这项工作，尽量让它有趣一点。

现在你已经建立并测试了第一个 Arduino 小发明。有些人可能会想构建更先进的 Arduino 小发明——但是如果你对于引擎、门、车轮、刹车以及其他构成车的几百个部件以及系统没有一个正确的了解，你能做出一台完整的汽车吗？好吧，我们来试试。但是这个不是重点，重点是在完成一个大工程之前，你需要了解所有的小部件。这本书里面所有的项目都可以帮你逐步熟悉 Arduino 的基本知识，并帮你建立信心。然后你可以去参考更深入的书籍，如指导你使用 Arduino 以及如何制作一个遥控割草机。

正如你现在所了解的，将本章排版在 Cade 和 Elle 的故事之后的目的是让你了解一点关于技术的知识。有时它会适用于当前的挑战，也有可能会给你提供能帮助你完成这本书接下来提到的内容的信息。因此不要跳过本章。我们知道你肯定想跳过本章直接阅读组件和编程部分，所以我们会让介绍理论的这一章尽量简短一些……我们保证！

再一次重复，如果要提供更多的帮助，就得使用 Andrew 5.0——它为本书和网站提供了很多的建议，你可以查看。

现在学习一点关于我们最喜欢的单片机的知识。这些知识可以帮助你应对接下来构建自己的 Arduino 时的挑战。也许没有那么有趣——你将要做一个手电筒。这会是一个昂贵的手电筒！但是用 Arduino 做一个手电筒的意义是帮助你了解更多关于布线的实践知识和编程知识。

注意

当这些做好之后，你可以将手电筒拆开当成另一个挑战，或者可以浏览 arduinoadventurer.com 网站，找到奖金挑战（Bonus Challenge），改进你的手电筒，加入其他的一些性能。

现在，开始吧。这是 Andrew 的房间下一条很黑的隧道，Cade 需要很亮的灯光来找到正确的方向。现在来了解如果你正确地制作一个手电筒需要了解哪些知识。

6.1 了解电池

手电筒由 9V 的电池供电。毫无疑问你对电池很熟悉——生活中几乎所有的玩具都需要依靠电池供电来运动和发出声音。我们不准备介绍关于电池的原理的知识（你的化学老师应该已经介绍过这些了），大体上，我们是想要介绍一个关于电源而不仅是电池的知识。Arduino 可以为连接组件提供电量，而且它可以从电池或者交流适配器中获得电量。（有时称为墙疣，因为它通常是一个插入墙中的大的黑色模块。）

对于这书中的很多挑战，你都可以使用标准 9V 的电池。对于其他的挑战，你可以使用一个交流适配器。在这两种情况中，Arduino 获得电量然后将其传送至连接组件。什么类型的元件呢？发光二极管（LED）就是一个例子。实际上，在挑战 2 中你就可以使用一个。你可以给小型扬声器、光传感器或者温度检测器，甚至小型电动机提供电力。

在几乎所有的情况中，你会遇到需要与 Arduino 连接的元件，你需要了解一点关于极性的知识。如图 6-1 所示，其中有一个 9V 的电池和一个 1.5AA（双 A）的电池。之前你可能没有注意过：大部分电池一端（或者终端）会标有正极（+）而另一端会标有负极（−）。9V 的电池终端在电池的同一端，但是 1.5V 的电池终端在电池的两端。

图 6-1　提供电量的电池有正负极终端

我们不想重复太多电池原理方面的知识，但是有一点在这里必须讨论，就是涉及电池的时候，必须注意电流是从正极流向负极的。当你将电池的正、负极用一根导线连接在一起（不要这样做——有可能会很危险），电池的电荷离开负极，进入正极。如果不把导线断开，上述过程就不会停止，所有的电量会放完。当这种情况发生的时候，就称电池消耗殆尽了或者电池已经废弃了。

⚠️ **警告**

千万不要让电池短路。当你将电池的两端用一根导线或者一块金属连接在一起时就会发生这种情况。导线会发热，甚至有可能会引起电池爆炸。如果你用电池创建一个封闭的循环，那么你就创建了一个电路。但是如果电路中没有其他的元件（如 LED、电阻或者电位计），也会造成电路短路，这是一大禁忌。

6.2　目前是电路

无论你信不信——但是请相信——将电池的两端用导线连接起来就构成了一个电路。但是这称为短路，而且我们经常会告诫你尽量避免这样做。相反，你可以在电路里接入一些电子元件，这样可以限制电路的电流。但是你需要接入多少元件呢？这是一个很重要的问题，第 7 章会详细介绍，在那里你会学习如何使用挑战 2 中需要的两个关键电子元器件——LED和电阻。

Andrew 5.0 的话

我想补充说明 Arduino 本身可以被认为是一个元件，而且可以毫无风险地接入电路。将 9V 的电池连接到 Arduino 是不会造成损害的。实际上，Arduino 就是为这个目的设计的。

看一看图 6-2，看不懂也没关系。这是挑战 2 中创建的电路。这里想指出 9V 电池是如何连接到 Arduino 电源端的。

图 6-2　9V 的电源与 Ardunio 连接来提供电量

注意，Arduino 右边的小块区域是一个迷你面包板，当创建一个简单的手电筒电路时，你需要将各种电子元器件嵌入面包板中。

你不需要了解你看到的东西，只需要关注这个事实：兼容控制板从 9V 的电池中获得电量，然后将电量通过小段导线分配给迷你面包板。

注意下列事项：

- LED 放在左边远一些的地方。这是一个白色的 LED，会发出强烈的白光。
- 有一个小型并形状奇怪的元件，主体上标记了称为电阻的彩色色带。
- 在迷你面包板的正中心有一个小按钮。

你将会学习到，这个简单的手电筒电路中的元件是如何工作的。你还会了解当你添加一些编程组合时，Arduino 会给电路带来哪些变化。

Andrew 5.0 的话

　　读者读完本书后，推荐阅读另一本书。对于电池的基本知识以及其他的组件感兴趣的同学应该看看：Charles Platt 写的《Make: Elctronics》。每个想学习电子学的人，最好都可以看看这本书。

回到电池的正、负极知识上。这个为什么重要呢？你即将在第 7 章中学到，某些元器件仅当它们以正确的极性接入电路时才能起作用。如果接入电路的方式错了，这些元器件将无法工作。有些元器件在没有正确接入的情况下甚至可能会造成很大的损害。但是不用担心——我们在这里就会解释怎样保证接入元器件时即使发生错误也不会造成伤害。

6.3　电流流动

了解关于电路的最后一个知识：电路断开将导致电力无法传输。掐断导线或者将一些东西放在电路中断开回路，电流就会停止。（记住，电子从负极流出，回到正极，构成了一个回路。）在手电筒中，开关就起到了这样的作用。打开开关，电子在电池内部从负极流出，通过灯泡，然后回到电池的正极。关闭开关，断开电路回路，灯就灭了。在进入第 7 章学习之前先将这些记在脑子里，看你能不能猜出在图 6-2 中哪些元器件用来控制电路中的电流。第 7 章会给出解答。

Andrew 5.0 的话

　　读者可能希望知道电流是否可以测量。我们使用术语安培数来描述电流有多强或者有多大的推动力。我们测量电流的安培数，即其强度，单位称为安培，一般称为安。

- 在炎热的天，你可能会问温度，其结果用度数描述。
- 在 Arduino 项目中，你可以询问电流大小，并得到一个确切的安培数。

对于像 Arduino 这样的小设备，1 安培是很大的电流。1 安培电流可能会使设备熔化。你创建的项目电流差不多是 1 毫安。1 毫安是 1 安培的 1/1000。没错！做一些非常有趣的和有用的东西是不需要太大的电流的。

6.4　准备好了吗?

　　我们希望讨论一些关于技术的问题不会打消你读这本书的热情。即使这些东西现在可能让你觉得有点困惑，但是请继续前进。我们相信一旦你开始动手创建电路，这些问题立马就会很清楚。

　　在你创建前，先确保你已经看过附录 A，那里有你完成挑战 2 需要的零件清单。零件清单并不是很长，但是每部分都很重要。一旦你已经准备好 Arduino、9V 的电池以及所有的零件，请转向第 7 章。你将会把一些有趣的东西连成一个简单的手电筒电路，并学习更多的元器件，这在以后的挑战中迟早会用到。

　　开始行动吧！

第7章

挑战 2：检查硬件

我们已经做好准备将一些关键电路组合在一起来制作一个手电筒了，这个手电筒可以帮助 Cade 找到 Andrew 通往主控制的路。但是在组装手电筒之前得先学习一些关于硬件的知识。

本书在介绍每个项目之前，都鼓励你先阅读附录 A，以及确定你已经准备好所需要的所有元器件。如果你和我们思路一样，你可能会奇怪为什么选择 Arduino 来制作手电筒，我们很理解你问这个问题。手电筒是我们认为很简单的东西之一：打开开关，灯就会亮了。但是如果没有手电筒而仅有一些 LED 和一或两个电池呢？

其中一种方法是将 LED 连接到电池的两端。但这并不是一个好主意。首先，电池可能会提供过多的电量，损坏 LED，造成 LED 不发光。而且 1 个 LED 可能不够，或许需要 10 个 LED。那如何将 10 个 LED 连接到一节电池上面呢？而且又如何保证所有的 LED 不损坏？

回答这些问题，我们只需要展示如何将一个 LED 连接到 Arduino 上。这很安全。而且如果你了解如何将一个 LED 连接到 Arduino，你就知道如何连接更多的 LED，制作一个更亮的手电筒。

看一下这些是怎么做到的。下面讨论你在接下来的挑战中可能用到的硬件。

7.1 按钮

按钮是一个普通的电学元件，它可以根据你的意愿打开或者关闭 LED（或者其他的电子设备），而不需要每次都将电池连接和断开。按钮的类型很多，但是我们只关注最普通的按钮。这意味着按钮按下电路才会连通。图 7-1 展示了各种按钮。

图 7-1　按钮

Andrew 5.0 的话

　　打开这个词出自开路，描述的是一个没有电流通过的电路。因此，一个普通的开关所起的作用是，除非你主动按下按钮，否则电路中就没有电流。对于设备中常用的开关，你的操作只是短暂的。汽车喇叭就是一个例子。汽车喇叭的开关是常开的，只有你按下按钮，才会通过电流。

　　想象一下如果汽车喇叭是常闭的会造成多么有趣的现象。常闭开关会让电流一直流动，除非你按下按钮。想象一下如果开车过程中一只手要一直按着按钮，让喇叭保持安静，那会让人多么手忙脚乱。但是常闭开关也有它们的作用。它们经常用在防盗警报电路中。

7.2　LED

　　手电筒不能没有灯光，这个恰好是 LED 可以提供的。LED 很特殊，因为它们的寿命很长——如果得到很好的保护。LED 有两个引线：阴极（－）和阳极（＋）。阳极引线比阴极引线长一些。

提示

　　"可以确定阳极引线比较长。"这是工业界的惯例，帮助工程师避免出错。正极＝阳极＝引线更长。

　　将 LED 的阳极连接到 Arduino 的一个数字引脚上，阴极接地。同样使用一个电阻来保护 LED，因为如果电流过大会将 LED 烧坏，或者更坏的情况是会造成 Arduino 损坏。图 7-2 展示了各种类型的 LED。

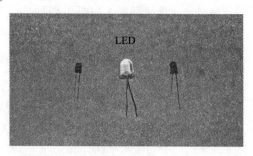

图 7-2　LED

7.3　电阻

　　还记得前面学的电位计吗（第 3 章）？正如之前指出的，电位计是一个可变电阻器。电阻就像是一个很小的花生，上面有一些彩色的圆环帮助识别阻值。

你或许会问，电阻是用来做什么的？电阻是用来阻碍限制电流的流动的；LED 对电流很灵敏，如果通过的电流过大，就会烧坏 LED。你需要将电阻与 LED 串联在一起，分担一部分电流。（避免引起你的疑惑，在这里解释一下，电阻的单位是欧姆。）图 7-3 展示了各种类型的电阻。

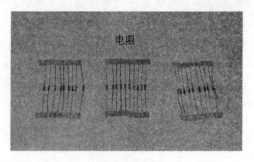

图 7-3　电阻

现在你已经有了应对挑战的电子元器件的相关知识。这些看起来有些困难，但是请继续前进。对于每一个挑战，我们将会给你更多的信息，你也会很快熟悉这些东西。而且，请记住，我们的想法是希望你在应对这些挑战中获得乐趣。

7.4　构建小发明 2

现在来制作手电筒帮助 Cade 找到 Andrew 的主控制器。事不宜迟，来制作电路吧。记住在这个挑战中你需要的零件在 A.2 节中都能找到。

以下是操作步骤：

1. 将 9V 的电池连接器与 Arduino 连接起来，如图 7-4 所示。

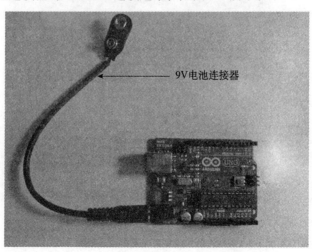

9V电池连接器

图 7-4　将 9V 的电池连接器与 Arduino 相连接

2. 将 LED 与小型无焊面包板连接，如图 7-5 所示。将长一些的正极引脚插入 E-1，
　负极引脚插入 F-1。

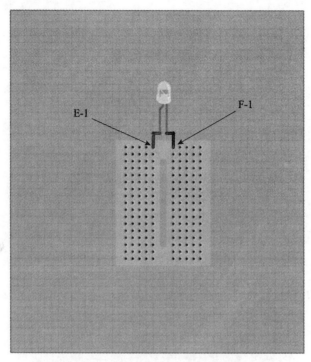

图 7-5　将 LED 与无焊面包板相连接

　如图所示，LED 的一个金属引脚插入迷你面包板靠近顶部的一边。另一只金属脚插入面包板另一边的同样位置。

　迷你面包板上没有标注出行和列的信息（用字母和数字），但是如果标注出来了，LED 中比较长的引脚插入 E-1 中，短的引脚插入 F-1 中。用 A～J 标志列（总共 10 列），数字 1～18 标注行（从底部到顶部）。你可能需要在你的脑海中做这些标注，因为迷你面包板上的面积很小，不能容纳所有的字母和数字。

3. 将 330Ω 的电阻连接到电路中，将它的一个引脚插入 D-1 中，另一只引脚插入
　A-7 中，如图 7-6 所示。记住第一行的所有引脚在面包板内部是相连的。D-1 中
　的电阻引脚连接 E-1 中的 LED 引脚。

4. 将按钮连接到无焊面包板上。一组引脚插入 E-9 和 E-11。另一组引脚插入 F-9 和
　F-11，如图 7-7 所示。

　按钮的接入跨越了面包板中间的间断点。记住，面包板的中心将一排变成两排，总共 5 个孔。这 5 个孔在迷你面包板的里面都有小的金属块，这些金属块用来连接 5 个孔以及插入它们的元器件。只有按钮按下，才允许电流通过——这意味着在按钮按下之前第 9 排和第 11 排之间都没有电流通过。

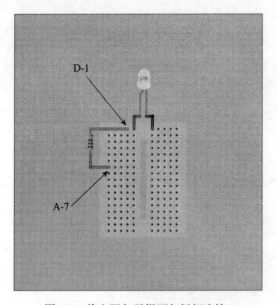

图 7-6 将电阻与无焊面包板相连接

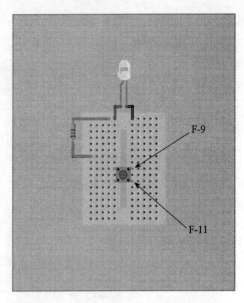

图 7-7 将按钮连接到无焊料面包板

5. 用一根黑色的导线将 Arduino 的接地端（GND）连接到 G-11；这个可以将地连接到按钮的一边，如图 7-8 所示。

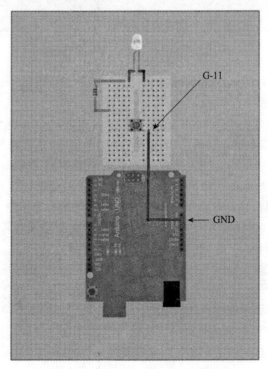

图 7-8 将 Arduino 的接地端连接到按钮

当你将上述导线接入 G-11 时，它实际上与接入 F-11 的按钮引脚共享了一个连接。如果你将这根导线的末端接入按钮的引脚，将这根导线接入 G-11 也可以达到同样的效果。迷你面包板里面的金属板使得导线（G-11）和按钮上的引脚（F-11）看起来像是接在一起的，因为金属板认为 F-11、G-11、H-11、I-11 和 J-11 是单个连接点。

6. 用另一条跳线（使用绿色）连接 H-11 和 H-1，即 LED 短一些的引脚（阴极），如图 7-9 所示。

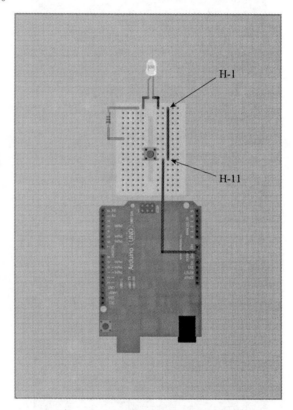

图 7-9　将 LED 的接地端连接按钮的接地端

7. 将另一根跳线（使用红色）连接到 Arduino 的数字引脚 12（D12），跳线的另一端连接到迷你面包板的 D-9，如图 7-10 所示。

8. 将另一根跳线（仍然使用绿色）连接到 Arduino 的引脚 D6，跳线的另一端连接到迷你面包板的 B-7，如图 7-11 所示。

将上述跳线连接到 B-7，实际上就已经将电阻连接到电路上了，因为电阻的一端是连接到 A-7 的。记住，A7 与 E7 是共享同一个连接点的。

9. 最后一个步骤是选做的，但是你可能会觉得很有趣。确保导线是如图 7-11 所示平铺着的。然后访问网站 http://arduinoadventurer.com，下载一个 PDF 文档，打印在卡片上，来为你的小发明创建一个外壳。

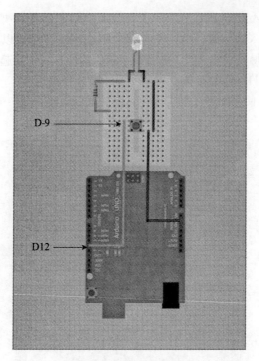

图 7-10　将按钮连接到兼容控制板的数字引脚 12

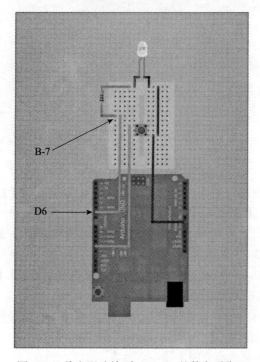

图 7-11　将电阻连接到 Arduino 的数字引脚 6

　　图 7-12 为完整的小发明的图片。你的成品可能与图 7-12 略微有些不同，这取决于你是如何布线的。

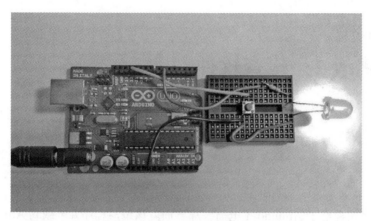

图 7-12　完整的小发明

7.5　下一步是什么？

　　现在我们已经完成了小发明，接下来可以学习第 8 章，并且检查将要上传到 Arduino 的框架。记住，没有 Arduino 你做不了任何事情。在你学习完第 8 章之前，不要将 9V 的电池插入 9V 的电池连接器中。

第8章

挑战 2：检查软件

既然你已经组建好了 Arduino 手电筒，那下面就该编写程序并下载到 Arduino 中了，这样你才能使用它。手电筒是一个非常简单的设备，它的程序也是非常简单的——在本章中就可以一起来学习整个程序。但是，虽然挑战 2 中的小发明只有一个 LED，但是你可以轻而易举地添加更多 LED。这就是使用 Arduino 来驱动 LED 的优势。如果你觉得你的手电筒不够亮，那就再添加一个 LED 吧！

在第 7 章中你已经知道，为了防止 LED 承受过高的电流，每个 LED 都接了一个限流电阻（这也保护了 Arduino，因为它最大只能输出 24mA 的电流）。而且，每个 LED 都能与 Arduino 的数字端口一一对应连接，这样你就可以通过编程决定哪些 LED 可以点亮了。在本程序中我们不会这么做，但是通过对 Arduino 编程可以很容易地实现按一次按钮点亮 1 个 LED，按两次点亮 2 个 LED，按三次点亮 3 个 LED，按四次关闭所有的 LED。通过这种方式，你可以很容易地选择你恰好需要的亮度——这样也可以使电池寿命更长！

在介绍程序之前，我们希望你能学会使用数字输入和输出函数。下面介绍在本次挑战中将用到的几个新函数。

8.1　函数解析

本章中的新函数是 digtalWrite 和 digtalRead。你只能使用这两个函数控制 Arduino 的数字端口（D0～D13），这就意味着在挑战 2 的小发明中，你制作的手电筒最多可以使用 13 个单独控制的 LED。（你可以使用更多 LED，但是你只能控制 13 个数字引脚。）为什么是 13 个而不是 14 个呢？因为我们要用一个数字引脚来接按钮。下面就是将在你的新制作中控制 LED 的函数：

- digitalWrite(pin number,state)：这个特殊的函数向 Arduino 的某个数字输入 / 输出（I/O）引脚写入高电平或低电平。高电平信号表示向引脚施加电源电压（5V）；低电平信号表示不向引脚施加电源电压（也就是 0V）。在实际使用中，参数 pin number

表示你所用到的数字 I/O 引脚，参数 state 表示为 HIGH 或者 LOW，如果你想设置数字引脚 5 为高电平，那么你会用到这个语句：digitalWrite(5,HIGH)。如果一个 LED 已经接到设置为高电平的引脚 5 时，而你想关掉它，使用 digitalWrite(5,LOW) 语句就可以了。

- digitalRead(pin number)：这个函数用来读取数字设备的状态——如按钮的输入。而你只需提供你所用到的数字引脚就可以了。如果你想读取数字引脚 3 的状态，那么你只需在程序中写：digitalRead(3)。如果这个时候按钮是按下的，程序语句就会检测到电压，并读回高电平。

这两个函数会在本书后面的很多章节中派上用场，所以在本程序中一定要理解它们的工作原理。

8.2 挑战 2 程序

现在是时候编写我们要下载到 Arduino 中的程序了。Cade 会在隧道中用到一个 Arduino 手电筒，那么这个程序就给了他通过一个按钮来开关 LED 的能力。请看代码清单 8-1，这里列出了本次挑战用到的程序，程序后面是对它的解析。

代码清单 8-1　挑战 2 的程序

```
intbuttonPin = 12;         //按钮所连接的Arduino引脚
intLEDPin = 6;       // LED所连接的Arduino引脚
intbuttonState = 0;         // 用于检测按钮的状态
void setup()
{
    // 设置按钮所连的I/O引脚为输入模式
    pinMode(buttonPin, INPUT);
      // 设置控制LED的I/O引脚为输出模式
      pinMode(LEDPin, OUTPUT);
      // 使能Arduino内部上拉电阻
      digitalWrite(buttonPin, HIGH);
}
void loop()
{
    // 读取键值到Arduino中
    buttonState = digitalRead(buttonPin);
    // if条件语句
    if(buttonState == LOW)
    {
          // 当按钮按下时，点亮LED
      digitalWrite(LEDPin, HIGH);
      }
      else
          // 当按钮没有按下时，关闭LED
      digitalWrite(LEDPin, LOW);
}
```

　　下面详细介绍程序中的几个部分。程序的第一部分包含了几个变量，其功能是告诉
Arduino 连接到几个元器件的数字引脚的名称：

```
int buttonPin = 12;          // 按钮所连接的Arduino引脚
int LEDPin = 6;       // LED所连接的Arduino引脚
int buttonState = 0;         // 用于检测按钮的状态
```

　　这里创建了一个名为 buttonPin 的整型变量，其值为 12。这表示按钮通过数字引脚 12
（D12）与 Arduino 相连。查看一下挑战 2 中的小发明，然后检查从面包板上的按钮引出到
Arduino 的连线，它应该是接到了 D12。如果不是，请回到第 7 章重新检查你的连线。

　　同样地，在第 7 章添加的 LED 接到了数字引脚 6（D6）。在程序中，通过定义一个名为
LEDPin 的变量并将其值设为 6 来指定上述 LED 的连接引脚。再次检查面包板上的 LED 并
追踪接线到 Arduino 的 D6 引脚，保证上述配置正确。

　　最后，设置按钮的初始状态为 0，这表示按钮没有按下。当它被按下时，buttonState 变
量的值将变为 1。

　　下面，看一下程序的初始化部分：

```
void setup()
{
    // 设置按钮所连的I/O引脚为输入模式
    pinMode(buttonPin,INPUT);
      // 设置控制LED的I/O引脚为输出模式
      pinMode(LEDPin,OUTPUT);
      // 使能Arduino内部上拉电阻
      digitalWrite(buttonPin,HIGH);
}
```

　　记住，所有介于 void setup() 后面第一个左花括号"{"和"digitalWrite(buttonPin,
HIGH)"；后面的最后一个右括号"}"之间的语句都属于初始化部分。首先给出了一个简单
的注释"// 设置按钮所连的 I/O 引脚为输入模式"，然后通过 pinMode(buttonPin, INPUT) 语
句来定义按钮为 Arduino 的一个输入。记住 buttonPin 变量的值为 12，所以 Arduino 就会监
控数字引脚 12（D12），就可以知道它的值是 0 还是 1，也就知道按钮有没有按下。程序中
的 INPUT 表示这个值会被发送到数字引脚 12。

　　同样地，下面的语句 pinMode(LEDPin, OUTPUT) 定义 LED 为一个输出设备。前面已
经将变量 LEDPin 赋值为 6，这就表示 LED 与数字引脚 6 相连接。程序中的 OUTPUT 表示
Arduino 会将电压加到数字引脚 6 上，这个电压能点亮 LED。

　　初始化程序的最后一句为 digitalWrite(buttonPin,HIGH)。这个数字引脚定义函数的特殊
之处在于它用到了 Arduino 内部的电阻作为上拉电阻。是的，Arduino 内部集成了电阻，这
不同于你在面包板上用到的电阻。上拉电阻的作用是保证像按钮这样的元器件处于正常工作
状态。按钮有的时候会很淘气——它们有时会让人觉得是按下了，但是实际上却没有。为了
解决这个问题，我们使用上拉电阻使按钮处于一个确定的高电平，这样当按钮没有按下的时
候 Arduino 的数字引脚 12 就会读入 5V 高电平信号，当按钮按下时，D12 读入低电平信号

（0V）。

下面是程序的循环部分。开始的一段程序如下：

```
void loop()
{
    // 读取键值到Arduino中
    buttonState = digitalRead(buttonPin);
```

在 void loop() 部分的左花括号 "{" 之后，Arduino 读取了按钮的状态——它有没有按下？通过设置 buttonState 变量为 1 或 0 就可以检测到按钮的状态。函数 digitalRead(buttonPin) 只需检测数字引脚 12（D12），如果按钮按下了就设置 buttonState 为 0，如果没按下则设为 1。

一旦读入按钮的状态，下面的程序就会根据 buttonState 是 LOW（0）还是 HIGH（1）来点亮或者关闭 LED 了。这部分程序如下：

```
// if条件语句
if(buttonState == LOW)
{
// 当按钮按下时，点亮LED
digitalWrite(LEDPin, HIGH);
}
else
    // 当按钮没有按下时，关闭LED
    digitalWrite(LEDPin, LOW);
}
```

如你所见，这部分程序会一直循序，不停地检查 buttonState 的数值。按下按钮，buttonState 变为 LOW，LED 点亮。松开按钮，buttonState 重新变为 HIGH，LED 熄灭。

8.3 解决挑战 2

如果你想用挑战卡来包装挑战 2 中的小发明，你可以从 http://arduinoadventurer.com 下载并打印挑战卡。挑战卡将 Arduino 和面包板包裹在一起，可以当成产品的外壳。然后你只需要给 Arduino 接上电池，按下按钮打开 LED。那么 Arduino 就为你照亮了道路。

如果你想用你的 Arduino 手电筒获得更多乐趣，可以尝试更改一下程序，点亮两个或者多个 LED。你所需要做的是：在面包板上添加新的 LED，与你第一次做的一样，给它们添加限流电阻，然后将它们与各自的 Arduino 数字引脚一一对应连接。在程序中增加表示这些新 LED 所连数字引脚的变量（记住，这些变量的名称必须不同，例如，可以创建 LEDPin2 或 LEDPin3 等变量名称）。当按钮按下时，你只需要将每个 LED 的状态都设置为 HIGH；当按钮松开时，关闭所有的 LED。

现在手电筒制作完毕，Cade 可以帮助 Andrew 获取其基本控制。这样他就能松口气并帮助 Elle 和 Cade 逃出工作站了。

第9章
检测温度

Elle 和 Cade 手里拿着装满电子元器件的工具箱，Elle 肩上还背着笔记本计算机包，他们拖着脚步走过了 2 楼长长的走廊。当 Elle 和 Cade 集齐了 Andrew 所给的清单上的所有元器件后，他们把全部元器件装到几个盒子中，以方便携带。

"我们真的需要所有的这些元器件吗？" Cade 问道。

为了让 Elle 和 Cade 能够听清指令并通过这一层楼，Andrew 通过工作站通信系统向他们发出指令。Andrew 的声音传来："大部分工作站的内部系统都已经损坏，而我也修不好。虽然我能进入一些工作站自动修复和维持的程序，但是已经发生了全站范围的电气损坏。你可能会发现你又一次被损坏的门挡住了去路，而且，目前已经接到一些地方发生火灾和漏气的报告。下个路口请向左转。"

"你确定这是一起卫星碰撞事故？" Elle 说着向左转了个方向，跟着 Cade 走向另一条黑暗的走廊。"如果这是一场流星雨，后面可能还有更多的撞击。"

"我刚刚连上了该星球的通信网络，" Andrew 说。"有很多报告指出是通信卫星上一个推进器的燃料箱发生了破裂。系统未能及时计算出卫星的轨道并发出警报，所以工作站也就未能躲避。救援飞行器已经在路上了，但是还需要数小时才能到达。我认为最好的办法是让你们两个离开工作站而不是坐等救援。现在请在全息展览室的门前停一下。"

Cade 和 Elle 把箱子放在地上，等待 Andrew 获取他们要进入的房间的状态。Andrew 已经帮助他们安全地通过梯子下降到 2 楼，但是控制面板却损坏了，所以无法打开进入 1 层的应急出口。

"房间安全，可以进入，" Andrew 说。"请通过它进入下一区域。"

Cade 叹了口气，拿起他的两个箱子。"学校是不是已经报告我们失踪的消息了？"

Elle 皱着眉双手抓住箱子把手。"我都不敢想象，" 她说，"Hondulora 老师一定气死了。"

"我查一下。" Andrew 说。

几秒钟的沉默。

"记录显示共有 35 名学生和两名教师登记进入了工作站，载有 35 个座位的 8 个逃逸分离舱已经出发了。我认为他们已经发现你们离开了。"

"我们麻烦大了。"Elle 说。

9.1　在底座上

门自动打开了，Cade 走向门口，又转过头来。"从这个角度看……或许我们能因为学到新东西而加分呢。"Cade 佯笑着说。

Elle 和 Cade 朝着新房间的中间走去。在圆形房间的墙壁的映衬下，显现出了无数的底座。Cade 靠近了看，可以看到每个底座都有一个刻着名字的铭牌。

Elle 盯着房间另一侧的门，她在脑海中回忆工作站的地图，试图回忆下个房间到底展出的是什么东西。

"这个房间是做什么的？"Cade 问道，"感觉有点恐怖。"

Andrew 马上回答："这个全息展览区能让游客与近两百年来的许多名人、科学家和政治家交流。现在这个全息图已经坏了。"

"啊，太糟糕了。"Elle 说道。

Cade 停下来，转过脸来看着他的朋友。"Elle，我觉得我们没有时间去……"正说着他瞥到了一块标有名字的铭牌。"Bre Pettis？他是谁？"

"Bre Pettis，"Andrew 说道："21 世纪早期的一位重要人物，负责 3D 打印技术的大规模推广，使其成为小企业使用快速成型技术的可靠方案。在 2015 年，他的团队的一个大突破使得……"

"是的，是的，很聪明的家伙，"Cade 说，"Elle，我们要走了。"

Elle 摇了摇头，继续盯着门。"Andrew，你得为我们重新找一个新的路线。"

"什么？"Cade 问道，"Elle，你确定吗？"

"我们不能走这条路"，她说，"必须找到另外一个路线。"

"很抱歉，Elle，"Andrew 回答道，"这不仅是到达一楼的最快的路线，也是唯一可行的路线。除此之外没有别的路线能到达一楼。"

Elle 盯着 Cade。"这条路通往维修通道。"

Cade 摇了摇头，一脸的疑惑。"是吗？那又怎样？有问题吗？"

"我没有开玩笑，我想回到 Andrew 的房间，Cade，我是真的忍受不了狭小的空间。"

Cade 把手放到 Elle 的肩膀上。"我们现在正处于危险中，Elle……你能闭上眼睛，然后让我牵着你走吗？"

Elle 摇了摇头："我是认真的，我做不到，我只是……"

"好吧，"Cade 说，"我们……嗯，看一下我们的选择。Andrew，通过维修通道需要爬多长距离？"

"从入口到出口一共 78 米，"Andrew 说，"我估计你爬过通道需要 22 秒。"

"不用了，"Elle 说，"给我们找另外的路线，Andrew，我是认真的。"Elle 的声音很紧张，

Cade 仅从她的面部表情就能判断出她是真的下定决心了。

"Elle，我知道你不愿意，但是……"

"找另外的路线，Andrew！"

Cade 退后了一步，为 Elle 的发怒而震惊。可以很确定地说，他的这位朋友不会爬过任何通道。

9.2　斜道和梯子

"Andrew，一定有另外一条能到达一楼分离舱的路线。"Cade 说。

"没有，Cade，"Andrew 说。"我唯一能提供的另一条线路是引导你们去 6 楼。但是我无法获取工作站的视频监控功能，而且大多数环境监测传感器都损坏了。由于工作站的损坏，就算我能使用，我也不确定是不是可靠。"

"6 楼有应急梯管道吗？就像我们从 3 楼到 2 楼用到的那个？"Cade 问道。

"没有，上升的管道控制功能已经损坏，我也没法修复。我可以使用 3 楼和 4 楼的应急梯管道，但是我不确定 3 楼和 4 楼的情况如何。如果你们有应急防护装备，我就不用担心了。所有的缺口都已经封上了，所以氧气供应不是问题。但是工作站的人工智能系统告诉我 4 楼发生了火灾。灾害控制程序还没有确认火有没有扑灭。"

"但是如果那没有火灾呢？"Elle 问道。"那样我们就可以先去 5 楼，然后坐上 6 楼的分离舱，对吧？"

"这太冒险了，"Andrew 接着说。"Elle，更快更安全的方法是你们两个试着通过通道到达 1 楼。"

Elle 没有理 Andrew 的建议，她低头看着手上抱着的重重的箱子。Andrew 说过的应急通道让她产生了一个想法。"等等，你说你能打开两层楼之间的舱门，是吧？"

"是的，Elle。"Andrew 说道。

"我们能不能用一片布或纸来检查 3 楼有没有着火呢？我们先回到 2 楼，关上舱口，然后你打开通往 4 楼的舱口。如果那里没有发生火灾，我们就可以通过布片或纸来判断是否可以安全行进了。"

"这没有考虑到高温可能对人体带来的危害，"Andrew 说。"如果 4 楼发生了火灾，通道的温度也会很高，你根本过不去。"

"我简直不能相信，就因为缺少一个小小的温度计，我们就过不去了吗？"Elle 沮丧地摇着头说。

"等等。"Andrew 说道。

Cade 盯着 Elle。"如果他说我们在房间里遗漏了一只数字温度计，我会欢呼的。"

"很抱歉，"Elle 说。"真的抱歉，因为我真的没办法通过维修通道。"

Cade 微微一笑。"没关系，Elle，我相信你。实在不行我们就找另外的路嘛。"

"打开 12 号箱子。"Andrew 说。

Cade 看了看他和 Elle 的箱子上的号码。"在我这，"他边说边把箱子放在地上，然后打开了 12 号箱子。"好了……下面呢？"

"请检查一下是否有型号为 Q91-XB-4 的部件。"

"Cade 在盒子的隔板之间找来找去，没有发现这个部件。然后他提起顶板，把工具箱底部的袋子和盒子都拉了出来。"

"等等，"Elle 说着伸出手来。"在这儿。"

Cade 笑了。"Elle 好眼力啊。好的，Andrew，我们找到了，这是什么东西？"

"现在请拿起箱子，继续走出全息展览门。然后向左转，走 20 步，再向左转。要快！"

Cade 和 Elle 开始把东西装回到 12 号箱。

"小心别弄坏了那个部件，"Cade 说。"我觉得有了那个部件，我就不用在维修通道里拉着又踢又叫的你了。"

Elle 抱着她的东西站了起来，笑着对 Cade 说，"走吧。"

9.3 绿色的舱口

10 分钟后，Cade 和 Elle 就站在一个小房间里了，房间中央有一个金属制的梯子。还有两个绿色圆形的舱口，一个在天花板上，一个在地板上，中间竖着的梯子延伸并穿过了舱口。虽然封口很紧密，但是 Cade 和 Elle 还是看出来了，如果打开舱口，人就可以通过梯子爬到上面或者下面。

"下面我要打开 2 楼和 3 楼之间的舱口了。"Andrew 说。

绿色的舱口分成两半，然后隐藏到天花板里了。Cade 和 Elle 抬头看着紧急逃生通道通向的地方。

"这个房间的空间你还适应吗？"Cade 问。

"废话，"Elle 说。"这里的空间足够活动了，而那些维修通道只有 2 英尺宽。"

"下面我会教你们搭建一个能测量 4 楼温度的电路。部件编号 Q91-XB-4 是非常重要的，但是你们还是需要一些其他的元器件。现在请打开箱子，我告诉你们还需要哪些东西。"

于是 Cade 和 Elle 坐在光滑的地板上，Elle 打开随身携带的计算机包，拿出来那台老计算机。

"首先，你们需要一个 Arduino Uno……"

第10章

挑战 3：了解有趣的东西

现在你是不是能越来越熟练地把导线插进面包板，将 Arduino Uno 与计算机连接然后上传程序了？我们希望如此。设计 Arduino 微控制器的人在最初开发时有很多目标，其中之一就是让它能尽可能简单，以便适用于非专业人士。你不需要知道为什么 LED 只有正确地插到面包板上才能工作，反着插就不能工作。这些事情可以留在后面解决，如果你想进一步了解电子知识，你就可以通过一些额外的研究和阅读学到。

但是现在……你需要的是更多实际的动手操作，对吧？这就是你在挑战 3 中所需要做的。这是本书中最后一个需要你专注于一个元器件的挑战任务了。挑战 4～挑战 8 会涉及更多的东西，需要你利用前面你所用到的元器件（如电阻、电位计，还有 LED），还有一些你还没有接触到的新元器件。

下面我们就开始行动吧。Andrew 现在已经可以访问双子座工作站的各个部分了，他需要帮 Elle 和 Cade 登上逃离舱。但是如同你在第 9 章所了解的，他们需要通过一系列的舱口爬上 5 楼，不过 4 楼可能温度太高而过不去。他们唯一能检查的办法是测量温度，这样他们就要用的一个新元器件——温度传感器。

10.1 了解温度传感器

你肯定对一类温度计特别熟悉——一个充满水银的玻璃管，你可以把它叼在舌头下来测量体温。水银在玻璃管里上升，通过管子上一系列标有数字的小细线就可以读出你的体温了。在不同的国家，温度会以不同的单位给出，如摄氏度（℃）和华氏度（℉）。

然而，涉及电子器件时用玻璃管温度计就很不方便了。当然，你也可以搭建一个超级复杂的系统，通过图像传感器之类的东西来读出温度计上的刻度，就像人读出温度那样。但是这会需要很多昂贵的硬件和复杂的编程技能。幸运的是，如果你用 Arduino 微控制器来测量温度，那就简单多了。

如图 10-1 所示，虽然它看起来跟玻璃管温度计一点也不像，但是不管你信不信，它就

是一个温度传感器。它能完全实现测量当前环境温度并将温度值输出的功能。图 10-1 所示
的传感器返回的温度值的单位为摄氏度，但如果需要，可以
很方便地将其转为华氏度。

如果你手上已有温度传感器，那就仔细观察一下。如果
还没有，检查一下附录 A 中的零件表，早点备齐你需要的零件。

首先需要你注意的是这三个引脚是很容易弯曲的。你肯
定不想把它们一次次地弯来弯去，但是这三个弹性很好的引
脚可以很方便地插到面包板上。如果你觉得温度传感器太高
了，你可以将引脚剪短；也可以把它放倒或者使其远离其他
元器件。那个黑色的小部件呢？其内部是一块既灵敏又准确
的电子元件，它能让传感器检测到它周围的实时温度值。如
果你对它如此小的尺寸而惊讶，那你一定会更惊讶于它还有
型号更小的封装呢！

图 10-1　小尺寸的温度传感器

在你检查温度传感器的时候，我们来讨论一下它是怎么输出表示温度的数字量的。前面
提到这个传感器是以摄氏度形式输出温度值的，但是在美国，温度通常是以华氏度的形式给
出的。不过你肯定在学校学过将摄氏度转变为华氏度的简单公式，所以这不是什么问题。但
是你猜怎么着？你根本不需要担心要用笔来计算，你可以直接添加程序，让 Arduino 来替你
做这个单位换算！很酷吧？

很多温度传感器的外观与图 10-1 一样，但是它们测量温度的方式可能不尽相同。有些
温度传感器的测量范围很宽。例如，某个温度传感器能测量 0～120 摄氏度的温度，而另一
个只能测量 40～150 摄氏度的范围。对于挑战 3 来说，我们只是查看温度值对人来说是不是
安全的，所以附录 A 中推荐的温度传感器就足够了。

Andrew 5.0 的话

可能对于读者来说数据手册有点过于专业了，但是如果想要，这些温度传感器的数
据手册都可以下载到，链接为 www.sparkfun.com/products/10988。即使是我也会看得昏
昏欲睡，所以你们只需要知道这里面有很多图表和公式，还有其他让人瞌睡的内容就行了。

只要用的是类似的温度传感器，都是可以得到合理可信的温度读数的，并且其接线
方式也不会与第 11 章给出的有任何不同。

这里有个警告，为了完成挑战 3 而搭建的这个电路仅用于测试和教学用途。任何人
都不能将这个 Arduino 小发明和温度传感器用于实际用途——如测量你自己的体温。检
查是否发烧最好选用专用的温度计。本实验的目的是让你们理解温度传感器与 Arduino
微控制器的连接方式，还有其输出温度数据的方式。

如前所述，我们不建议用这个电路来测量除你工作室以外的其他任何地方的温度。所
以，请不要将它放入烤箱、微波炉或者冰箱中。首先，你父母肯定不喜欢你把它们弄得一团

糟（散落的电子元器件）；其次，你的 Arduino 可能会损坏。当然也有方法搭建能够承受极端温度的小发明，但是在第 11 章构建的小发明不能够处理极端温度。

我们跳过一部分内容，在图 10-2 先给出挑战 3 中电路最终做好的样子。（具体组装指导见第 11 章。）

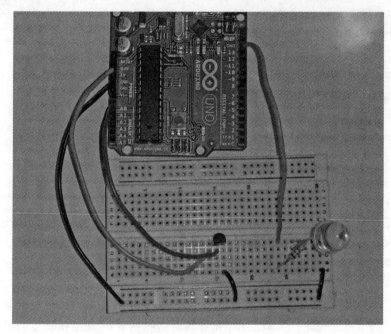

图 10-2　连接了温度传感器的 Arduino 小发明

在图 10-2 中，你会看到除了温度传感器以外还有一些其他元件。你会看到一个电阻和一个 LED。在挑战 2 中你已经知道，将 LED 串联一个电阻是很有好处的，它能防止 LED 因承受过高功率而烧坏。LED 的用途在第 11 章再讨论，不过你们可以试着猜一下，在一个用于测量房间的温度的电路中使用 LED 有什么目的。有想法了吗？

请注意，我们又用了跳线来连接电路。在第 11 章中，我们会告诉你这些元器件都是怎么连接的。现在，通过图 10-2，你已经知道这个电路的复杂程度了吧。试想一下——一块 Arduino 器和一个小小的温度传感器，当你把它们连接到计算机上时，它们就能反馈给你实时的温度值。你能想到这些元器件连接到一起后可能的用途吗？

Andrew 5.0 的话

你们都应该想知道一些我能想到的温度传感器的用途吧。这儿就有几个建议，或许它们就能激发出以后设计电路的灵感。

1. **风扇控制器**：利用温度传感器来控制电池供电的风扇的启停。这个风扇可以保持你书桌或工作台凉爽。

> **2. 自动植物灌溉设备**：利用温度传感器来决定浇水时间，通过电动机控制浇水罐的倾斜来使植物获得充分的水。更好的办法是，你可以购买一个湿度传感器，然后想办法与你的自动植物灌溉设备连接在一起！（你将在挑战 4 中学习电动机的相关知识。）
>
> **3. 花圃保护设备**：将温度传感器放入窗子里，由此检测外面的温度是否低于一定值，然后通过编程来提醒你使植物免受夜晚的寒冷。

Andrew 的想法很棒，我们相信你一定也有自己的想法了吧。如同我们前面所说，你的想象力是未来电子设计思路的最好的来源。当你完成挑战 3 以后，你就已经完成了电位计、LED、温度传感器、电阻、跳线、电池接头还有按钮的学习了。但是现在还没有完成挑战 3……甚至还差很远呢。在后面的挑战中，你会综合运用你已经使用过的不同元器件，搭建更复杂的电路。这也有助于你思考把 Arduino 与其他部分更好地结合在一起，还有一点点地去阅读、完善的乐趣。

10.2　准备好了吗?

你是不是已经注意到 Arduino 微控制器所提供的一些功能了？你得这么想——只有想不到的，没有做不到的。也许你需要深入地研究学习，需要在网络论坛上提问，甚至在尝试不同方案的时候还可能烧掉几个元器件，但是，这也是使用 Arduino 的乐趣之一。尝试新的东西，进行一些测试，查看哪些元器件正常工作，哪些不工作，最终你的新发明取得很大的突破，世界会为你欢呼！（好吧，或许只是你的家人和朋友。）

记得在附录 A 中查看你在挑战 3 中所需要的硬件。再次说明，所需要的元器件不多，所以不需要花费很多时间和金钱就能买到它们。如果你准备好了开始组装温度传感器电路，那么就看第 11 章吧。

开始行动吧！

第11章

挑战3：检查硬件

准备好去迎接下一个硬件挑战了吗？这次将要完成一个有关温度的小发明，Cade 和 Elle 需要检查各楼层的温度。这个小发明确实特别简单，但这并不意味着它不重要！想一下你在生活中做过的一些最重要的事，例如，刷牙，写一篇文章，甚至骑自行车，这些也只需要一两个组件而已。但往往就是这些最简单的东西需要花费更多的准备。

以骑自行车为例：这里只有一个基本的组件——自行车，但是前提是你必须有好的平衡感，一双可以踩脚踏板的脚和一双可以控制车的手，并且自行车还必须恰当地组装起来，否则你会有受伤的风险。这和你用 Arduino 进行任何小发明的设计道理是一样的！你需要对小发明中的每个最简单的组成部分有一定的了解，还必须了解如何正确地对它编程以及如何把它接到面包板上。

所以，在开始设计挑战3的小发明前，需要先学习一点将要用到的温度传感器的知识。之后就开始搭建电路。

让我们开始吧！

11.1 什么是传感器？

正如我们所提到的，在挑战3的小发明中会用到一个温度传感器。但是什么是传感器呢？可以这样说，传感器是一个可以将自然现象中的值转换为可读单位的器件，如电压。这样来想想：温度传感器可以将房子里的温度以可读值的形式输出，而这个温度就是自然界中的一个现象。其他的可读单位可能是房子里光的亮度，可能是礼堂里声音的响度，或者甚至是被水淹没的地下室的水位。

但是在使用 Arduino Uno 时所用到的传感器，往往并不是直接输出可以读取的值。例如，现在室外的温度为80华氏度，温度传感器输出的值并不是"80"。

传感器将温度转换为电压值。Arduino Uno 根据电压的不同将它转换为不同的数字。例如，80华氏度可能触发传感器产生4.503V的电压，这就是 Arduino Uno 得到的结果。而你所要做的就是通过数学换算将 4.503 转换为 80，得出华氏温度值。这个数学换算是通过软件编程完成的，将会在第 12 章讲解。

　　对于挑战 3 的小发明，我们将用到型号为 TMP36 的温度传感器。听起来很专业，是吧？先来看一看图 11-1，你就会发现其实它没有多复杂了。

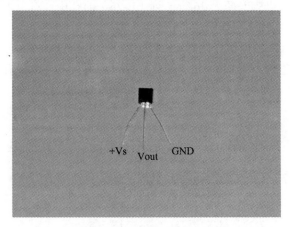

图 11-1　TMP36 引脚图

　　图 11-1 不只展示了 TMP36 的外观，注意其上部平的一面是朝上的，这是一个很好的参考点。在使用这个传感器的时候，你需要对照引脚图来确保接线是对的，否则可能会损坏传感器。

　　现在来仔细看看图 11-1 中传感器的引脚图。引脚图简单地说明了每个引脚的功能以及它们应该怎样插入面包板电路中。正如你所看到的，传感器有一个引脚用于输入电源电压（5V 或者 3.3V），有一个引脚接地，另外一个引脚用于输出电压值。这个输出电压值的引脚将与 Arduino 的模拟输入脚连接，这个引脚提供的电压值将转换为我们所能理解的温度值。

Andrew 5.0 的话

　　温度传感器 TMP36 内部还有很多结构，并且我知道你想了解这么小的器件是如何工作。首先，TMP36 检测到的实际温度值转换为电压值。当温度值上升时，电压值也上升；当温度值下降时，输出电压值也减小了。这个电压值就是通过上面所说的电压输出引脚输出的。

　　另外，在使用温度传感器的时候，还将用到一些你已经知道的元器件：一个 LED 和一个电阻。在挑战 3 的设计中，你将会用到 LED 来显示当检测到的温度低于某个确定的温度值（如小于 90 华氏度）的情况或者超过某个温度值（如高于 100 华氏度）的情况。

　　当然还需要用到迷你面包板、Arduino Uno 模块和 5 根跳线。将用 3 根黑色的线和 2 根红色的线，但是线的颜色并重要，使用你手头上有的就行。

11.2 构建小发明 3

现在开始搭建电路。记住，附录 A 中能找到关于本设计中的所有硬件的清单和工程文件。

1. 第一步是将 LED 和无焊面包板上的孔连接起来，如图 11-2 所示。将 LED 的正极（相对长些的引脚）插入 26 行 E 列（E-26）的孔中。将负极引脚（短的）插入 30 行 E 列（E-30）的孔中。

2. 下一步，将 150Ω 的电阻连接到 LED 的正极，如图 11-3 所示。这 150Ω 的电阻有一系列的颜色带：灰 - 绿 - 红（通常红色带后面可能还会接着一个金色带或者银色带）。将电阻的一端插入 D-26，另一端插入 B-24。

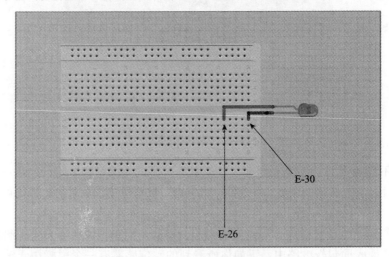

图 11-2　LED 与无焊面包板相连接

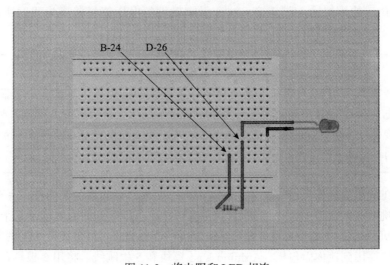

图 11-3　将电阻和 LED 相连

3. 将 Arduino 的地信号和无焊面包板上的地信号连起来。然后将无焊面包板上的地信号连接到无焊面包板的 A-30，如图 11-4 所示。

4. 将 Arduino 的数字引脚 13 接到电阻的另一端（面包板的 E-24），如图 11-5 所示。

5. 现在你准备好接入温度传感器。将 TMP36 传感器插入无焊面包板，如图 11-6 所示，如果这两块板子的朝向与图中的一致，要确保平的一端面向 Arduino。

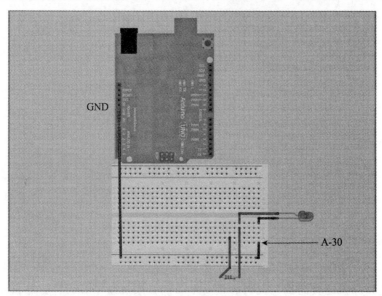

图 11-4　将 Arduino 的地信号连接到无焊面包板和 LED 的地信号上

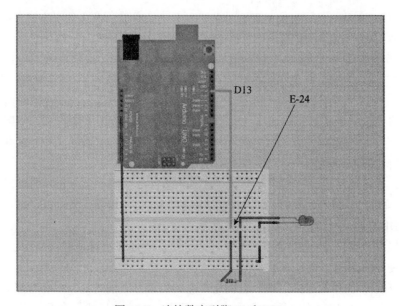

图 11-5　连接数字引脚 13 和 LED

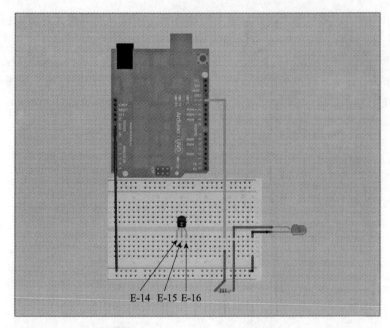

图 11-6　连接 TMP36 到无焊面包板

注意

在将温度传感器连接到面包板的时候要小心。如果混淆了引脚将会有损坏传感器的风险。仔细阅读下一段的内容。

你需要将 Vs 引脚（当 TMP36 平的一面朝向自己的时候，左边的引脚即 Vs 引脚）插入 E-14，中间的引脚（Vout）插入 E-15，GND 引脚插入 E-16。

6. 现在需要将温度传感器连接到其他元器件上。首先，利用跳线将 Arduino 上的 5V 引脚连接到 TMP36 的 +Vs 引脚。跳线的一端插入 D-14，另外一端插入 Arduino 的 +5V 接头处。（一般用红色的跳线，但实际上用任何颜色的跳线均可。）其次将地信号和无焊面包板上 TMP36 的地信号通过插孔连接起来。使用其他的跳线来完成，并插入 A-16 位置。（一般使用黑色线，但实际上任何颜色均可。）接好后如图 11-7 所示。

7. 最后，你还要将最后一根跳线连接 TMP36 的 Vout 引脚和 Arduino 的模拟输入引脚 0，如图 11-8 所示。将跳线的一端插入 D-15，另一端插入 Arduino 的 A0 引脚。（本书用的是一根绿色的跳线，但其他颜色也行。）

到此已经完成了一个温度检测的硬件电路，并且准备开始对其进行编程了！图 11-9 显示了实际的硬件电路图。

要先检查确保 LED 的连接正确，也就是，它的负极必须插入 E-30，正极必须插入 E-26。另外，确认你送入 TMP36 的电源电压是 5V 而不是 3.3V，这虽然不会损坏电路，但是会导致读写错误或者该设计不能正常工作。如果连线都是正确的，你就可以开始编程了。

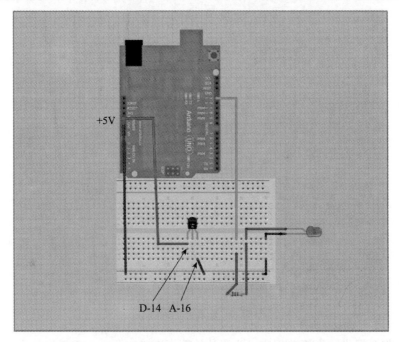

图 11-7 连接 TMP36 和 Arduino 的电源（+5V）和地信号

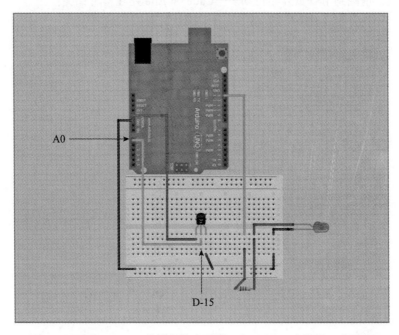

图 11-8 连接 Arduino 的模拟输入引脚 0 和 TMP36 中间的一个引脚

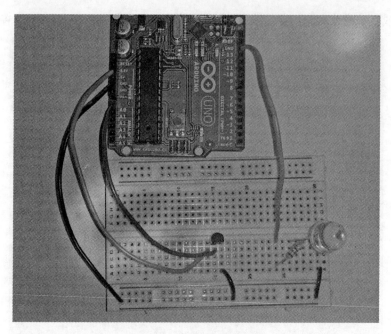

图 11-9　作者设计的版本

　　第 12 章将会提供一个简单程序，为了让检测器正常工作，你需要将其烧写到挑战 3 的装置中。所以，请翻到下一页开始行动——Cade 和 Elle 还在指着你呢!

挑战 3：检查软件

如果你问一群学生，他们在用 Arduino 设计小发明时，最喜欢哪个部分，那你可能会得到各种各样的答案。一个同学可能会回答他喜欢用传感器来做一些实验，而另一个同学喜欢动手做机动设备，第三个同学则更倾向于程序设计这部分。即使是 Arduino 的设计者也有各自特别喜欢的部分。例如，Harold 就特别喜欢编程，而且他在这方面造诣很深，但另一方面，James Floyd 非常喜欢在面包板上搭电路，而不是敲代码编程序。

但是，作为一个 Arduino 开发者，你需要对单片机的各个方面都有一定的了解。像 Harold，他也很擅长搭建电路，而 James Floyd 的编程能力也越来越强了。当你开始设计书上的小发明时，或许你就已经开始判断自己的优势和劣势了，对吗？或许，你真的很喜欢搭电路，也或者，你发现自己在编程方面很有天赋。但不管你喜欢哪一方面，坚持把它做下去。记住，要设计出一个能够正常工作的小发明，需要你对软件和硬件都有一定的了解。

既然现在是挑战 3 的编程章节，这就意味着要详细学习程序是如何工作的，它是怎样控制 Arduino 以及它各个组成部分是什么等方面的知识。在挑战 3 的小发明这部分中，温度传感器是最新的元件，但庆幸的是，它并不复杂！

在学习挑战 3 的小发明的所有程序之前，我想跟你们介绍编程的一些基本概念。再次强调，不要因为你不擅长编程而懊恼——James Floyd 也不擅长这个，你必须脚踏实地地学习编程。时间久了，你会积累很多编程技术和方法，接下来，你就自然而然地成为一名 Arduino 编程大师了！

心急吃不了热豆腐，一步一步来。对于挑战 3 的小发明，你必须不断地监控来自温度传感器的反馈，为了做到这一点，你需要重温第 4 章的一个概念——循环。循环是做什么的呢？在一个循环上任意选择一点开始移动，最终你会回到出发点。当然对于程序循环也是如此。在某一个点上，程序开始运行，一段时间之后，它又重新开始。这个过程并不复杂，实际上，程序完成一次循环所需要的时间是相当短暂的。所以看看我们是如何让 Arduino 不断进行循环控制的。

12.1　if-else 条件语句

想象一下，你坐在一辆奔跑在赛道上的赛车里。不管轨道是圆形、椭圆形或者一些其他的图案。只要你开始驾驶，最终你都会回到起跑线上。

现在，你要监控赛车的两个指标：一个是汽油剩余情况；另一个是轮胎胎面情况。通过监控赛车燃油水平的仪表，观察指针的偏转来判断赛车是否还有汽油。通过监控另一个仪表判断赛车是否需要更换轮胎。

踩下油门，开始比赛吧！当你再次越过起跑线时，你已经完成了第一圈，看看你的仪表，汽油是满的，轮胎也是好的。好的，让我们继续前进！你跑了一圈一圈又一圈……终于赛车没油了，你要中途停下来去加油吗？当然！没有汽油，你只能退出比赛。加油后，你可以继续监控你的仪表并根据你赛车的状况来决定是要中途停下还是继续比赛。

现在考虑如何做决策，我们可以列出以下一些条件：

- 如果汽油 >=4 加仑，同时轮胎胎面 >=40%，继续比赛。
- 否则中途停下来。

👆 注意

"$>=$" 后面的数字称为限制值，它们在编程的各个方面都起着至关重要的作用。例如，这个例子中用到的上限和下限分别是 4 与 40，但它们也可以是 2 和 65，限制值的大小取决于特定应用程序上限制范围的需要。

试想一下，如果用从某种程度上可以驱动赛车的 Arduino 代替你（司机），那么就需要编写一个程序让它驾驶赛车，再编写一个程序让它控制赛车油门或刹车。假设控制驾驶部分的程序已经完成，接下来的工作就是编写代码判断何时中途停车、何时继续比赛。为了实现这个，就需要实时监控赛车油箱和轮胎胎面的情况。

当用 Arduino 编程时，这种情况的判断用 if-else 条件语句是非常容易解决的。if-else 语句是一种条件语句，它是这样运行的：

当赛车油箱汽油量 >=4 加仑同时轮胎 >=40% 胎面剩余时，赛车继续奔跑！

否则中途停下！

非常简单的判断，对吧？判断一个条件，看是否满足，如果满足这个条件就执行第一条指令，不满足就执行另一条指令！如果赛车油箱有 4 加仑或更多的汽油同时轮胎有 40% 甚至更多的胎面剩余时，赛车继续比赛。但是如果赛车油箱的汽油少于 4 加仑或者轮胎胎面少于 40%，或者这两个条件同时存在（汽油 <4 加仑且轮胎胎面 <40%），赛车中途停下。

如何编写到底 if-else 语句呢？让我们来看一看：

```
if (一个或多个测试条件)
{
//此处编写代码
}
else
```

```
{
//前面的条件不满足时执行这里的代码
}
```

仔细看这些代码你会发现，第一步就是判断圆括号里的所有条件是否成立。假设只是想测试赛车的油箱是空的，那么可以用 if（gastank>=4），这条指令的意思是如果变量 gastank 大于或等于 4 加仑，就执行紧接着的花括号 {} 里面提供的所有指令。

但是也要对轮胎胎面情况进行检查，所以可以把 if 语句修改成：if(gastank>=4&&tires>=40)，这条指令的意思是如果变量 gastank 大于或等于 4 加仑同时轮胎胎面大于或等于 40%，就执行花括号 {} 里面的指令。

只有当两个条件同时为真时即（gastank>4 且 tires>40%），才会执行第一组花括号 {} 里面的所有指令。否则，程序就跳转到 else 语句，执行 else 下面的花括号 {} 里面的指令。下面是一个修改版的 if-else 语句：

```
if（gastank>=4 && tires>=40）
{
???赛车继续赛跑
}
else
{
??中途停下
}
```

学习 if-else 语句的关键是要搞清楚如何编写判断条件，定义两个变量 gastank 和 tires，这两个变量会监控赛车的情况，但是如果没有条件限制，就可以在圆括号内写上，例如，if（motiondetector <>0）或 if（temperature> 90）。

这个例子告诉我们：如果要重复执行一个动作直至遇到某个特定的条件时跳出这个动作，那么就可以设置一个循环语句。相信学到这里，你应该已经了解 if-else 语句一些基础的东西了吧？那么接下来我们要告诉你挑战 3 的小发明的程序中是如何运用 if-else 语句的。12.2 节将更加具体地为你阐述 if-else 语句的实现。

12.2　挑战 3 程序

既然你对 if-else 语句已经有所了解，那么当温度达到某个特定阈值时，你就可以在下面的程序中用这个语句来控制 LED 的开和关，而且根据每个工作环境的不同，程序中的这个阈值是可调的。例如，房子内部温度可能超过了 75 华氏度，那么在你运行这个程序的时候，你就需要调节阈值的大小。

代码清单 12-1 列出了挑战 3 的程序，你需要用 USB 数据线将其下载到 Arduino 上。

代码清单 12-1　读取温度的程序

```
int tempPin = 0;
int LEDPin = 13;
```

```
void setup()
{
  pinMode(LEDPin,OUTPUT);
  Serial.begin(9600);
}

void loop()
{
//从温度传感器中读取电压
int reading = analogRead(tempPin);

float voltage = reading*5.0;
voltage/=1024.0;//描述 voltage = voltage/1024.0的简单写法

//降电压转换成摄氏度
float tempC = (voltage - 0.5)*100;

//将摄氏度转换成华氏度
float tempF = (tempC*9.0/5.0)+32.0;

//如果温度大于或等于75，打开LED，否则跳转
//LED 熄灭
if(tempF >= 75)
{
digitalWrite(LEDPin, HIGH);
}
else
{
digitalWrite(LEDPin,LOW);
}
//串行监控用于调试目的shpow tempF数据
Serial.println(tempF); //将tempF 数据发送至串行口

delay(500);//等待半秒钟
}
```

请读完全部的程序——代码一点都不长。学习了前面的程序之后，你可能对代码清单 12-1 中的某些部分有所认识，但是肯定也有一些陌生的东西。所以先停下来看看程序的关键部分，学习一下它的工作原理。

下面是程序的第一部分：

```
int tempPin = 0;
int LEDPin = 13;

void setup()
{
  pinMode(LEDPin,OUTPUT);
  Serial.begin(9600);
}
```

这部分非常简单，定义两个变量：tempPin 和 LEDPin，定义的这两个变量的引脚与 Arduino 的内部引脚相连接。温度传感器的一个引脚与单片机的 A0 引脚相连，LED 的引脚连接到单片机的 D13 引脚。（具体请参考第 11 章的 Arduino 的引脚分布。）

定义好变量之后，再写几条语句来控制 LEDPin。OUTPUT 的输出电压加到 13 号引脚上用以点亮 LED，然后再通过串行监测实时观测温度传感器的反馈值。

下面是程序接下来的一部分：

```
void loop()
{
//从温度传感器中读取电压
int reading = analogRead(tempPin);

float voltage = reading*5.0;
voltage/=1024.0;//描述 voltage = voltage/1024.0的简单写法

//降电压转换成摄氏温度值
float tempC = (voltage - 0.5)*100;

//将摄氏温度值转换成华氏温度值
float tempF = (tempC*9.0/5.0)+32.0;
```

显然，这是程序的核心部分。通过读取 A0 口接收到的数据来获得温度传感器的电压（tempPin = 0，还记得吗？），然后将得到的电压值存储到一个临时整型变量只读存储器中。但是读取的变量是一个模拟值，需要对它进行转化。

定义一个名为 voltage 的临时变量，将读取的值乘以 5 倍就是 voltage 的值（因为 Arduino 用的是 5V 的供电电源）。我们需要将这个可变的电压值转换成我们可以理解的东西，所以用电压值除以 1024（1024 位）得到 0～5V 变化的电压值。

然后这个电压值可以转换成摄氏温度值或华氏温度值，为了计算摄氏温度值，将电压值减去 0.5，再乘以 100。如果你所在的国家使用摄氏温度值，那么到这里你就已经实现你的功能了。但是如果在美国，使用的是华氏温度值，那么还要多做一步计算。将摄氏温度值 tempC 的值乘以 9 倍之后再除以 5，然后再加上 32，最后将得到的值赋予 tempF，就得到了温度传感器检测到的华氏温度值。

现在完成程序的最后一部分：

```
//如果温度大于或等于75，打开LED，否则跳转
//LED 熄灭
if(tempF >= 75)
{
digitalWrite(LEDPin, HIGH);
}
else
{
digitalWrite(LEDPin,LOW);
//串行监控用于调试目的shpow tempF数据
Serial.println(tempF); //将tempF 数据发送至串行口
```

```
delay(500);//等待半秒钟
}
```

这个就是你刚刚看到的 if-else 条件语句。看第一行：if(tempF >= 75)，这是一个简单的判断，当温度大于或等于 75 时，条件为真，程序执行接下来的括号 {} 里面的指令 digitalWrite(LEDPin,HIGH)，LED 点亮。

当条件不成立时（可能温度只有 74 华氏度），那么程序就会跳转到 else 语句里面的括号执行 digitalWrite(LEDPin,LOW)，LED 熄灭。

剩下部分的程序要实现的功能是将华氏温度值在屏幕上显示出来，这样你就可以通过实时串行检测来读取温度传感器探测到的值。你可以用温度传感器做一些很有趣的实验。例如，将温度传感器拿在手里，或者用蜡烛靠近温度传感器（但是不要碰到！），然后观察显示屏上温度传感器读取的温度的变化情况。

延迟语句（500）只是为了在两次读数之间有半秒钟的停顿时间。

你可以对程序进行多种修改：

- 将程序改成 if（tempF <75），判断温度值是否低于 75。
- 将程序改成 if（tempC> 23），判断使用摄氏温度值。
- 你可以测试 if（tempF <75）语句，同时给一个低电平赋予 LED，在 else 语句给一个高电平赋予 LED，这条指令实现的功能是当温度小于 75 华氏度时，执行 if 语句，熄灭 LED，当温度超过 75 华氏度时，执行 else 语句，打开 LED。

在 Arduino 编程中经常用到 if-else 语句，它是通过判断条件的真假来实现硬件的各种功能最好的方法。

Andrew 5.0 的话

你还应该注意，if-else 语句可以嵌套判断很多条件，例如：

```
if（判断条件1）
{
  if（判断条件2）
      {//这里写代码
      }
  else
      {//这里写代码
      }
}
else if(判断条件3)
    {
    //这里写代码
    }
```

你甚至可以在原 else 部分的代码里嵌套另一个 if-else 语句。这种嵌套可能会非常麻烦，但是是完全允许的，而且这也是一个很好的判断多重条件问题的方式。

12.3　解决挑战 3

将程序下载到 Arduino 之后，打开串行检测，并注意返回的温度值。用拇指和食指小心地捏住温度传感器（习惯直接用食指或拇指捂住温度传感器芯片的芯体）。在你用手指捂住温度传感器的时候，串行监测读取到的温度值会上升，当你拿开手指时，温度值会下降。

你会发现，只有当温度是 75 华氏度或更大的时候，LED 才会开启。当然，你也可以修改代码，让单片机重新进行判断，例如，你可以让单片机判断温度在 75～95 之间时（或者你随便设置一个上限值），点亮 LED。

记住，Cade 和 Elle 不想让应急管道的温度太高或太低，所以接下来的挑战是如何修改程序使得当温度超过 75 华氏度时点亮 LED，但是当温度高到某一特定值（如 85 华氏度）时，让 LED 熄灭。

恭喜你能够让温度传感器运行起来！现在 Elle 和 Cade 可以确信在两层之间走动是安全的，因为两层之间的温度不会太高以致让他们受伤。

第13章

不 速 之 客

"从隔间中读取的温度是 74 华氏度。"Cade 说。

Elle 检查了一下笔记本屏幕上读出的数据，拿起她和 Cade 组装好的 Arduino 设计，把它放在 3 楼的地板上。在她的头顶上方，位于 3 楼和 4 楼之间的舱口关闭了。

Cade 从 2 楼爬了上来，望着紧紧关闭的舱门。

Andrew 的声音从一个壁装式的扬声器里面回荡出来。"四楼的紧急逃生通道没有真空也没有起火，请立即去 5 楼。"

13.1 向上

他们面前的舱口的门很快就打开了，这使得他们可以一直看到 5 楼的隔间。

"你先来，Cade。"Elle 说。"你上去之后，我再把计算机和箱子给你。"

Cade 沿着梯子往上爬直至进入 4 楼的隔间。他绕四周转了转，然后把手伸下来。"嗯，给我吧……。"

Elle 关上计算机，小心翼翼地放进计算机包里，向上爬了几级，直到 Cade 可以够得着包的皮带子，然后又把装满元器件的 4 个工具箱递给了 Cade。然后她也爬进了 4 楼，和 Cade 在一起。

"好……我们现在还需要再爬一层楼。"Cade 苦笑道。

"让我来拉这些东西试试。"Elle 回答，说着就爬上了 5 楼的楼梯。

"我知道这个会让人慢慢觉得有些疲惫。"

Cade 不再争辩什么了。

13.2 幽灵?

几分钟后，Cade 和 Elle 从 5 楼的敞开的门向里面的走廊望去。"请再一次告诉我，为什么紧急通道不直接通向 6 楼的逃生舱？"

"这里有很多紧急通道通向工作站。但没有哪一个通道完全通到那里，"Andrew 说。"这个设计的目的是利用逃生舱来提供多个离开工作站的途径。"

Cade 摇了摇头，"好，好……好吧。但是如果有个直接通往逃生舱的通道不是更好吗？"

Elle 屏住呼吸往上爬，同时将工具箱往上拉。她实在是太累了，累到不能表达出自己的抱怨。不过 Cade 也有同样的感受。

"6 楼的逃生舱仍然是可以工作的，"Andrew 说。"到那里的时间约 4 分钟。行星表面的紧急响应小组在接下来的 3 个小时内是不会赶过来的。"

Elle 皱眉道，"你的意思是说工作站是安全的吗，Andrew？还是它已经被撞击得偏离了轨道？我们会缺氧吗？"

"哪里有什么食物吗？"Cade 问，"我饿死了。"

Elle 用肩膀推了推 Cade。"我们面临着更大的问题，Cade。"她说。

"那也改变不了我饿的事实啊。"

"那我运行一个宽范围的工作站检查吧，"Andrew 说。"工作站 32% 的工作站的毁坏控制报告功能都掉线了。并且工作站的人工智能也只能响应我很少一部分的请求。某一个时刻……"

Cade 和 Elle 一起看着黑漆漆的走廊，只剩下紧急灯还亮着。

"有点像幽灵，不是吗？"Elle 说。然后她吹起了口哨，声音很像流行的恐怖电影里面的调子。

"不要吹了！"Cade 说。

Elle 笑了笑，知道他的朋友不喜欢恐怖电影。"这让我想起了去年我们看的实验视频，叫什么名字来着？'什么东西隐藏在 5 号工作站'？好吧，想想那个在黑暗中走廊的场景……？"

"Elle，你再说我就将你拖到管道里面去。"Cade 说。

"5 楼的损坏很轻，"Andrew 打断道。"我会指导你们快速地逃到另外一个紧急避险通道，在那里可以找到通往 6 楼的路。我也将继续收集关于 6 楼的信息。请沿着走廊墙角往前走 50 英尺然后向右拐……"

13.3　紧急情况！

"停！"Andrew 喊道。这让正好站在那扇紧闭的门前的 Elle 和 Cade 吓了一跳，这扇门是可以让他们直接从 5 楼通往 10 楼的紧急通道入口。

"是火灾？"Elle 问。

"真空清扫？"Cade 问。

"等会儿……"Andrew 说。

Cade 和 Elle 静静地站着，盯着紧闭的门。整个工作站内即使很小的动静都听得清清楚楚，他们两个在怀疑到底是什么让 Andrew 对打开这扇门这么谨慎。

"Andrew？"Cade 问。"情况怎么样啦？"

Elle 紧张得咽了口唾沫，她知道如果他们不能通过紧急逃生舱到达 6 楼，那么他们唯一的选择就是退回到维修仓的管道中了。

"有一艘船降落到 11 楼了，"Andrew 回答道。"我正试着去判断它的方位以及船上的乘客身份。"

"一位乘客？"Elle 问。

"这个工作站的人工智能只提供给我一个不是特别详细的信息。一艘飞船降落，但是它的配置与 M-392 上的紧急救生工具不匹配。并且它的身份识别信号灯不是广播的。这是违反飞行器侵犯协议的。"

"可不可能是一艘私有的提供救援的飞船呢？"Cade 建议道。

"我正在努力获取 11 楼的 10 个视频监控中关于飞船的资料。等会儿……"

Cade 点点头对 Elle 笑了笑。"等会儿……"他模仿道。

Elle 也笑了。"让 Andrew 检查检查……耐心点。"

"这更加困难，记住，"Cade 回答道。"耐心现在已经不是我的专长了。"

通往紧急逃生舱的门突然打开了，带着嘶嘶声。这让 Cade 和 Elle 吓得一下跳开了。

"快点，"Andrew 说。"现在你们必须靠自己到 6 楼。"

Andrew 的话中所带有的情感让 Elle 感到惊奇。她从未从人工智能中听到一种紧迫感。

"Andrew？到底怎么了？"Cade 问。他也对 Andrew 说话语调的变化感到惊奇。

"我会在你们往上爬的时候向你们解释，Cade，Elle，快往上爬。"

Elle 抖落肩上的计算机包，将箱子放到地板上，并且将头顶的舱门向第 6 层打开。"好，最后一爬！"她说。

"我们开始吧，"Cade 回答道。"我先来。"

13.4 危险！

"有一个乘客正企图进入 12 楼的命令和控制，"Andrew 说，"他尝试过黑客控制面板，但是失败了。工作站的人工智能进行了一个身份认证，并鉴定了他的身份，他叫 Gunther Canvin，是金牛座工作站的矿石搬运工，有犯罪记录。"

Elle 拿着她的工具箱和手提计算机包，跟着 Cade 向大厅走去，她问道："Gunther Canvin 在这儿做什么？难道是他损坏的工作站？"

"Andrew，我们到了十字路口，是走左边、右边还是直走？"Cade 打断 Elle 的话说道。

"往左走 40 英尺是工作站的货舱，"Andrew 回答说，"Elle，我不知道他出现在这里的目的是什么，但是我不相信他会对工作站的损坏负责任，最大的可能性是他察觉到了双子座工作站的损坏，试图前往金牛座工作站。"

Elle 问："他会不会是来这里帮我们的？"

Andrew 回答："不可能，他没有回应工作站人工智能的身份认证，也没有说明他的意图，你们得加快速度了。"

Elle 和 Cade 都加快了步伐，但箱子实在是太重了。

Cade 快速瞥了 Elle 一眼，然后问 Andrew："Andrew，你是不是有些事情没告诉我们？"

"Gunther Canvin 正企图利用紧急重载协议进入命令和控制。"

Elle 摇了摇头，表示很不解，问："你说这话是什么意思？"

"他无法利用安全凭证进入，所以就企图破坏生命支持控制系统。"

"什么？"Elle 和 Cade 大吃一惊，不禁喊了出来。

"他为什么要这么做？"Cade 问，他突然停下步伐，这让走在他身后的 Elle 撞个正着，"噢，亲，走路小心点。"

Elle 避开 Cade，在 Cade 的前面，Elle 看到了一个 15 英里宽的裂口，这个裂口一直从工作站的左边延伸到工作站的右边，将 Cade 和 Elle 挡在了紧急出口外。

"如果 Gunther 破坏了生命支持控制系统，所有的安全重载都将解除，工作站会开启所有的安全室，这样紧急救急人员就可以直达工作站，但是这样他也可以进入工作站主控制室了。"

Elle 小心翼翼地朝前走了一步，然后低头朝下看，这个裂口至少有 30 英尺深，她还发现工作站的货舱里堆挤满了货箱和其他的一些物品，在货舱对面一个凸起的位置是两个大型的金属格栅。

"为什么这些金属格栅不再低一点？这样我们就可以过去了。"Cade 问。

"我试试看能不能进入控制把它们降低，但是这个系统似乎损坏了。"

"Andrew，我们无法跨过这个裂口，它太宽了。"Elle 说。

Cade 环顾了一下四周，说："或许我们可以找个什么东西来，把它扔到一个金属格栅上，让它勾住金属格栅，然后把金属格栅拉下来？"

"控制降低金属格栅的电动机将会被锁住，在不破坏这些金属格栅而且不把它从铰链上拉下来的情况下，我们是没有办法把它们拉低的。"Andrew 回答。

"是谁想的主意要把所有的金属格栅放在同一边的？"Cade 问："这是真的吗？我不太相信！"

13.5　桶

"还有另外一个方法可以跨过裂口，但你们必须仔细听我说，而且得赶紧行动，"Andrew 说："看你们的右手边，墙上安装了一个工具转移桶。"

Elle 和 Cade 转过头看了看，发现沿墙的轨道上安装了一个小长方形的盒子。

"你是在开玩笑吧！"Cade 说。

"你想让我们坐在那里面吗？"Elle 问，"可是那个盒子不够大啊。"

"那个工具转移桶一次装一个人还是足够的，大小不是问题。"Andrew 接着说，"关键是那个桶的控制器好像坏了，我不确定能否正确地将你们指引到这一层。"

"所以我们需要掉头回到维修道上，"Cade 说，"Elle，抱歉，但这是我们唯一的选择。"

"没时间了，"Andrew 说，"如果 Gunther Canvin 成功地破坏了生命支持控制系统，所有的逃生荚都将在五分钟后自动关闭。"

"没门儿！"Cade 发飙了，喊到，"太疯狂了！"

"抓紧时间，我会指导你们维修工具转移桶的控制器，这样你们就可以跨过货舱了。工具转移桶还有电，说明电动机没有坏。你们需要创建自己的重载，控制电动机向两个方向旋转。"

Cade 咧嘴笑了，他望着 Elle，边摇头边说："当然，我们需要做的就是创建一个重载。"

"这个简单！"Elle 默契地咧嘴笑着，她跟着 Cade 朝工具转移桶那边走去。

"非常棒，"Andrew 说，"打开你们的工具箱和笔记本计算机，让我先解释下你们要做些什么。"

"他不是在挖苦我们吧？"Cade 问，他放下了工具箱，跟 Elle 一起坐在地板上。

第14章

挑战 4：了解有趣的东西

你的大脑在挑战 4 中肯定会得到锻炼！Elle 和 Cade 需要通过运输工具桶穿过房间，并且他们需要创建一个控制器，帮助他们其中的一个在桶中跨过房间的间隔。他们还需要将桶再运回来，再去运输他们附带的东西……然后携带剩余的那个人过来。（我们知道 Cade 会先让 Elle 过去，因为他比较礼貌。）

对于挑战 3，你创造了一个能够读取温度值的简单小发明。花一点功夫来想一想——你使用了 Arduino Uno、一些线缆、一个传感器和一个 LED，将所有这一切连接以后，当到达一定温度的时候就会提醒你。我们敢打赌，在开始阅读这本书之前，你大概除了使用温度计就不知道其他可以读温度的办法了，对吗？你能想象这样一个小小的温度传感器能让你很简单地确定这是室内还是室外的温度？并且回想一下挑战 2，我们猜测你以前从未真正做一个手电筒，对吗？

这都是使用 Arduino Uno 后实现的一些了不起的事情——世界上有成千上万的电子元件，可以做成各种各样奇妙的东西。它们中的一些也可以做相当普通的事情，甚至做一些很无聊的事情。这就是其魅力所在，通过 Arduino Uno，你可以拼凑一些相当酷的小玩意，只要你自己愿意花点时间来阅读、修改和测试。

这也是你马上将要做的事情。在挑战 4 中，你要使用更多选择的器件，将这些器件组合在一起就能做一些很有趣的事情。我们将向你展示如何构建装置和程序，当你完成这些东西的时候，你会看到比先前的挑战更加复杂的小发明。

你现在有一些紧张吗？不紧张，很兴奋？那就对了。完全被吓到了？深呼吸一下，要知道每个曾经开始摆弄电子产品的人也曾处于你现在的状态。随着时间的积累，这些东西都会变得有意义，只要通过你自己的双手亲自实践，最终都会坚持下来的（而不是被遗忘）。这就是亲自动手这么重要的原因——可以通过许多种方式实现（如触摸、听、看，不过不要去品尝你的电子元器件），这有助于理解你现在所学习和做的事情。

小发明 4 是通过控制电动机向前和向后运动的，然后驱动桶跨过房间的间隙……然后返回。我们仅是在谈论一个电动机。是的，我们确实在讨论一个电动机。挑战 4 将涉及一个电动机——一个驱动桶的电动机——通过它你会感受到一些乐趣。

14.1 木桶运输机

如果你还没有把挑战 4 所需的部件组装起来，去看看附录 A。这并不是一个很长的清单，但是里面有一些新的东西，如果在当地找不到这些零件的供应商，那么你可能需要在网上订购。

在开始处理和检查这些物品之前，先看看图 14-1。这是你搭建完成后最后的电路图（除去电动机）。如果仔细观察，你应该注意到里面有一些你已经尝试过的东西了，也包含一些新的东西。

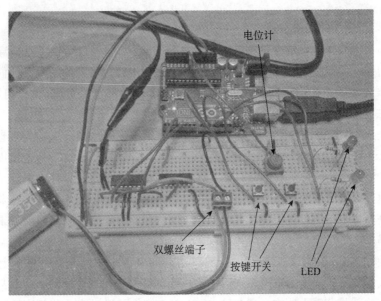

图 14-1　连线完成的小发明 4，可以与电动机相连

先从熟悉的元件开始。你应该看到两个 LED：一个红色的和一个绿色的。当电动机顺时针旋转时，绿色 LED 将发光。当电动机逆时针旋转时，红色 LED 将发光。在电位计（顶部有一个可以拨动的转盘）下方是两个按钮。按下其中一个按钮，电动机将顺时针转动；按另一个按钮，电动机向相反的方向旋转（逆时针）。

最后，你应该看到一个 9V 的电池连接到了电池接口上，由于电池接口的线很细长（与固体相反），它们很脆弱，所以难以连接到面包板上。出于这个原因，可以使用一个双螺丝端子，如图 14-1 所示，它可以与从电池接口引出的两根线相连。当完成后，你只需将螺孔的接线柱插入面包板上（它自身有适合面包板的细小插脚），而且电池可以通过一些导线连接到板子的其他地方，这将在第 15 章讨论。最后使用一些电阻来保护 LED。

但是关于其他两个东西呢？是这两个黑色的小矩形块吗？它们称为 IC，集成电路的简称。

集成电路是可以实现一些很强大功能的电子元件，以后会再讨论一些关于它们的知识，但现在主要将注意力集中在这两个用于小发明 4 的器件上。其中一个叫做六位反相器，另一个称为 H 桥。如果你手上有一些，那么可以仔细看看，但是一定要小心。那些细小的部位（引脚）是极其脆弱的，可以很容易弯曲。

> **Andrew 5.0 的话**
>
> 　　请提醒读者，集成电路也是很易受静电影响的。你知道当你走过地毯和接触到门把手时产生的那一点点静电吗？嗯，那一点点的静电就足以损害集成电路，所以在触摸集成电路时请注意，一定要先释放人身上可能损坏器件的静电。坐下来，碰一下在你的书桌或椅子上的金属，之后就可以触摸集成电路了。更好的是，可以考虑购买和戴上防静电护腕，访问 http://en.wikipedia.org/wiki/Antistatic_wrist_strap 以了解更多信息。防静电护腕通常价格低于 10.00 美元——如果你计划深入研究电子产品，这是一个不错的投资。

14.2　了解集成电路

　　这里是一些关于集成电路的东西。它们很强大，但是解释起来有一些复杂，可以认为每个 IC（也通常称为一个芯片）本身也是一个小电路。它们并没有强大到可以去做任何事，所以他们经常只用来做一件事，并将它们做好。当将芯片插入面包板时，每个引脚是以这样一种方式相连的，它们既可以接受电压也可以输出电压。当没有电压接收或发送时，引脚上的电压为低或零。如果引脚上有信号的发送或接收，那么引脚上的电压为高或者有电压供给电路（如 5V 或 3.3V）。

　　集成电路使用一系列高低电平信号进行计算，然后提供信号给其他组件，如电动机、LED，甚至其他集成电路。集成电路可以是数字或模拟电路，但在这个挑战中用到的器件是数字集成电路，所以这些解释都是针对数字集成电路的。作为一个示例，你将在小发明 4 中使用的集成电路是六位反相器。顾名思义，它将把某些东西反相。那它会将什么反相呢？很简单——如果在某个特定的引脚上接收值为 1（在这种情况下 5V），在另一个不同的引脚上它会输出 0（在这种情况下 0V）。听起来并不是很复杂，确实是这样……芯片内部如何工作是不可见的，所以它看起来很简单。实际上，这种集成电路和其他集成电路一样，只是在其内部做一些神奇的事情，这样使用者只需要考虑其他部分的电路了。

　　注意，集成电路包含的内容远远超过在这本书中所介绍的。本书中将介绍另一些器件，但这也不能马上让你成为一个集成电路专家。我们的目标是通过小发明 4，简单介绍集成电路的一些概念，并且通过使用几个简单的集成电路，让你看到它们在这些小发明中是多么强大。

　　稍后我们将回到收集的其他集成电路上，但是在此之前，先看一看图 14-2。这是直流电动机的一些例子，在挑战 4 中你会用到。当然现实生活中的电动机可能更大，但他们的工作原理是基本相同的。

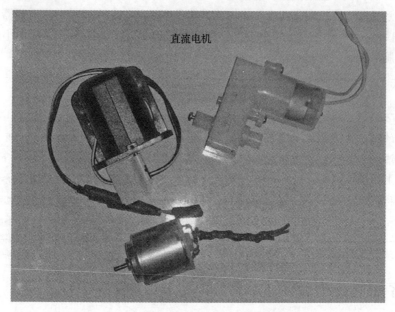

图 14-2　一些带有两根导线的小型直流电动机

仔细看看你的电动机。是否看到有两根电线？一根导线总是会接地，另一根导线用来接收正向电压。正是这根接收正向电压的电线决定了电动机旋转的方向。你现在就可以来测试，用一根线把 9V 电池与电动机一端相连，另一根线与另一端相连。不要把导线连接到电池上太久（超过几秒）——连接太长时间会损坏电动机（因为这个电动机是 6V 的电动机）。但是通过几秒钟的连接就可以判断出电动机将向哪个方向转动。

然后，调换电动机与电池接线。是否看到电动机向相反的方向旋转？

🎧 提示

你可以用一小块的透明胶带缠绕在电动机的轴上，这样可以在轴的尾端做一个标记，这样你就可以很轻松地看到电动机朝哪个方向旋转。

在挑战 4 中，Cade 和 Elle 在货舱里要穿过一个很大的跨度，但每次只有一个人能穿过去。这意味着他们中一个所乘坐的木桶将反向然后回到原来的地方，然后接走另一个人。通过简单地变换电动机的旋转方向就可以实现这个要求。

但是利用面包板搭建电路，通过导线连接改变正向电压来实现电动机的反转是十分麻烦的，并且也是不必要的。

这里就要用到另一个集成芯片——为改变电动机的旋转方向提供了一个更简单的方法！这种芯片叫做 H 桥，如果你想用机器人或者使用电动机进行一些更先进的发明，拥有一个 H 桥会是一个很不错的选择。

Andrew 5.0 的话

　　H 桥解释起来很麻烦，但是只要记住，它可以用来改变一个直流电动机的旋转方向。如果你想要了解更多的细节，一定要访问 http://en.wikipedia.org/wiki/H-bridge。你还将了解到 H 桥的名字是如何得来的，以及集成芯片内部是怎么工作的。

　　设计机器人和其他电动机驱动设备时需要熟练了解 H 桥的功能。它解决了需要通过改变导线的连接方式来改变电动机旋转方向的难题，使得搭建的电路可以很容易地实现电动机的反转。但与所有的集成电路一样，要小心处理，避免静电损害芯片以及损坏引脚。

　　正如 Andrew 所说，解释 H 桥并不是一个简单的事情。这本书的目的并不是希望用这些技术细节来吓你。（一本非常好的学习集成电路的书就是由 Charles Platt 编制的《Make: Electronics》，这也是一本优秀的关于其他电子技能的书。）目前，对于 H 桥芯片，你需要了解的是你将通过它来很简单地改变电动机的旋转方向。在第 15 章中，将向你展示如何实现一个发明，并详细地介绍如何正确连接以及它是如何起到实际作用的。

14.3　准备好了吗?

　　本书中将挑战 4 作为项目加速的起点。我们不希望你过早地被小发明 4 打击。而是希望通过这个点，你能更好地使用面包板并且可以很好地插入导线以及其他元件。只要你在第 15 章和第 16 章跟随我们的指导慢慢操作，你就会做得很好。

　　如果你还没有集齐挑战 4 的一些东西，那么开始做你的购物清单吧。再次，附录 A 中提供了完整的清单，但在一些购买的东西上会有些变化。

　　第 15 章即将开始，所以拿上你的器件、电路实验板、电池和 Arduino Uno，去帮助 Cade 和 Elle 安全地越过房间吧。

　　开始行动吧！

第15章

挑战 4：检查硬件

到目前，你还没有处理过复杂的电路系统，但你已经搭建了使用 Arduino Uno 的基础电路。但现在情况发生了变化，你要创建的一些小玩意会更多地涉及创建电路和编程方面的知识。但这是一件好事，你会学习到更多关于 Arduino 的知识，以及其他电子元件是如何与之协作的，并且加深你对机械装置设计编程方面的知识。在这一点上，你已经不再是一个 Arduino 新手，你应该祝贺自己。我们也希望你开始观察周围，并且提出有关四周的东西是如何工作的问题——现在的电灯、计算机、甚至车辆和机器里面都会有电子器件。如果你总是提出问题并寻求答案，那么你的 Arduino 技能将继续得到提高，那么成为 Arduino 大师的目标也必然会实现。

现在，你要使用在之前的挑战中学习到的东西，并将其应用到这个挑战中。但首先要学习帮助 Cade 和 Elle 控制工具桶所用到的新硬件——两个称为 H 桥和六位反相器的新器件。

15.1   新硬件

在图 15-1 中是 H 桥，它的名字源自于它在称为原理图的电路图中的样子，在原理图中，H 桥的形状很像字母"H"。

H 桥很小以至于看起来不太清楚，但是如果你想提升你的 Arduino 技术，它们是你必须熟悉的关键器件。H 桥在创建任何包含电动机的装置中都是特别有用的，H 桥可以实现正向和反向控制直流电动机（在本书的例子中），以及在 Arduino 的引脚上通过施加脉冲宽度调制（PWM）控制电动机的速度。

脉宽调制通过电压的增加和减少来控制电动机速度，但是脉冲产生得非常快，你基本觉察不出来。相反地，通过施加维持给定旋转速率所需的一定频率的

图 15-1   H 桥

脉冲能量可以控制电动机的旋转速度。

我们提到过 H 桥能帮助决定电动机旋转的方向，并且通过改变电动机上施加电压的导线的连接方式来改变旋转方向。如果某根导线上得电后电动机在一个方向旋转，当另一根线得电后电动机会向另一个方向旋转。

这不是最详细的解释，但你应该因此了解 H 桥是如何帮助构建控制工具桶运动方向的。同样地，我们不想因为桶的速度突然发生变化使得 Cade 或 Elle 太过颠簸，所以需要通过某种方法来缓慢地改变电动机的速度。而 H 桥同时解决了这两个问题。

因为不能用 Arduino 自身去控制直流电动机——电动机的工作电流大于 Arduino 所能处理的电流，所以我们还需要 H 桥。解决办法是用 Arduino 控制 H 桥，用 H 桥控制电动机。

注意

不要试图把直流电动机和 Arduino 直接相连，这会烧掉 Arduino 的。

Andrew 5.0 的话

如果读者希望更多地了解脉冲宽度调制，那么可以去访问拥有海量教学视频的网站：http://biog.makezine.com/2011/06/01/circuit-skills-pwm-pulse-width-modulation-sponsored-by-jameco-electronics/

Collin Cunningham 是 21 世纪关于电子器件最好的教育网站，可以在 makezine.com 上搜集其他视频，里面包含关于电阻器、电容器和其他很多东西的视频，这些视频简单易懂而且非常有趣。

另一个你将要使用的硬件是六位反相器，如图 15-2 所示。这个小的集成芯片（IC 芯片）通过 Arduino 的一个引脚来控制直流电动机的方向，那么，它是如何实现这一切的呢？当然，六位反相器正如它的名字所示：它是一个可以把数字 1 转换成数字 0，把数字 0 转换成 1 的反相器。

例如，如果有一个数字信号 1（高），把它输入六位反相器，然后观察输出的信号，这个数字信号变成了 0（低）。（将在第 16 章解释六位反相器与软件有关的东西）。

怎么区别 H 桥电动机和六位反相器呢？六位反相器只有 14 个引脚，而 H 桥有 16 个引脚。

现在你已经了解了很多在挑战中需要用到的新硬件的知识，那么接下来你就可以利用它们来创造一个小发明，帮助 Elle 和 Cade 通过工具桶安全穿过间隙。我们开始吧。

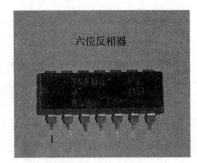

图 15-2 六位反相器

15.2 构建小发明 4

创建能够让 Elle 和 Cade 在工具桶里面穿过房间的小发明，你需要一些在先前挑战中用到的电子元件。记住，所有用于此项目的器件都列在附录 A 里。现在开始吧。

1. 首先，确保面包板在正确的方位上，即蓝色指示线在上面。再把 H 桥插入面包板中，保证 H 桥的凹口（它是一个小圆点或 U 型的凹口）一边面向左边，如图 15-3 所示。注意芯片从 E-9 开始，一直到 E-16。同样地，芯片另一边的引脚插入从 F-9 到 F-16 的地方。

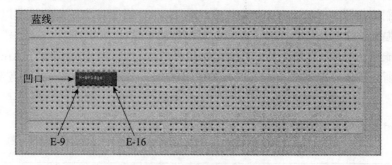

图 15-3　H 桥与面包板相连

2. 如图 15-4 所示，把六位反相器插入面包板中，并确保芯片上的点面向左边，芯片一边的引脚插入 E-20 到 E-26，而另一边的七个引脚插入从 F-20 到 F-26 的地方。

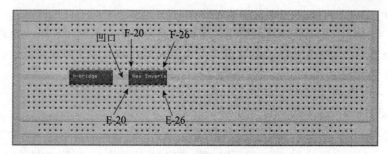

图 15-4　六位反相器与面包板相连

3. 接下来，将 9V 电源的接头连接到蓝色的双位式线夹上，旋紧螺旋，确保电线稳固。如果可能，在将线夹插入无焊面包板之前，将红色电线插入黑色电线的左端，如图 15-5 所示，这样它的引脚就能插入 A-32 和 A-34。

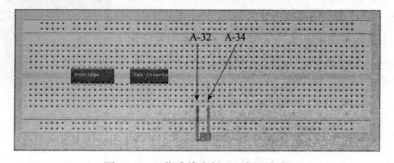

图 15-5　双位式线夹插入无焊面包板

现在需要将 5V 和 9V 电源连接到不同的针脚以加到集成电路和线夹里。我们将用若干红色的跳线，你也可以用任何你喜欢的颜色。

H 桥和六位反相器上的引脚编号从图 15-5 中所示芯片较低的左边的引脚 1 开始。在 H 桥电路上，引脚 1 插在 E-9 上，引脚 8 插在 E-16 上，引脚编号在另一边是相反的，以便引脚 9 插进 F-16，在芯片的另一面编号继续，直到将引脚 16 插进 F-9。

4. 现在插入一根跳线，将引脚 16 连接到无焊面包板上的 5V 电源。将导线插进 H-9 并将跳线的另一端插进面包板上红线旁边任何一个空余的洞中。（表明使用的是 Arduino 上的 5V 电源而不是 9V 电源。）

5. 通过将跳线的一端连到 H-20，另一端连到案板上紧邻红线的任何一个空余的洞中，使六位反相器上的引脚 14 连接到面包板上的 5V 电源。

6. 将跳线的一端插入 D-32，另一端插进 D-16，使双位式线夹的正极连接到六位反相器的引脚 8。（这是唯一用到 9V 电源的地方。）

7. 最后，通过将一根较长的导线插入两个紧邻每条红线的空余的洞里，使面包板上两端的电源轨相连。图 15-6 说明了此步骤。

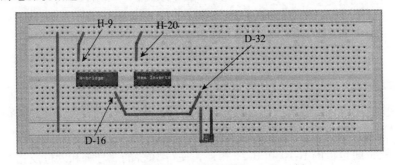

图 15-6　供电：+5V 的电路和 9V 的 H 桥

现在，应该给电路接地了。我们使用的是黑色跳线，同样地，你可使用任意可用的颜色。

8. 首先，将 H 桥的引脚 4 和引脚 5 通过导线连接到面包板上最近的地。只需要将跳线的一端插入 D-12，另一端插入靠近面包板蓝线的孔里面（之后它将会与 GND 相连），另一根跳线的一端插入 D-13，其另一端插入靠近蓝线的孔里面。

9. 现在用一根跳线插入面包板上靠近蓝线的某个孔里面，其另一端插入面包板另一边的靠近蓝线的孔里面。

10. 用一根导线的一端插入 D-27，另一端插入靠近面包板蓝线的孔里面，使六位反相器的引脚 7 和地相连。

11. 用一根导线的一端插入 D-34，另一端插入靠近面包板蓝线的孔里面，使双位式线夹的黑线端与面包板的地相连。如图 15-7 所示。

12. 将 H 桥的引脚 3 连到无焊面包板的任何空余地方。这里使用绿色的线（你可以使用你所拥有的任何颜色的线），一端插入 C-7，另一端插入 C-11。

13. 将 H 桥的引脚 7 连接到面包板上任何空余的地方。这里使用绿色的线，一端插入 D-14，另一端插入 D-8，如图 15-8 所示。

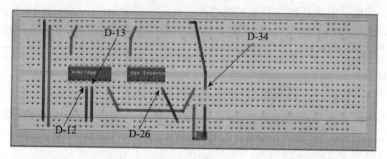

图 15-7　电路接地

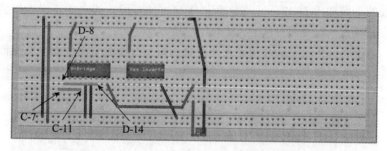

图 15-8　连接引脚 3 和引脚 6 到无焊面包板上

14. 再一次使用绿色跳线，但也可以使用任意的可用颜色。通过一根跳线将 C-15 和 C-20 相连，使得 H 桥的 7 号脚和六位反相器的 1 号脚相连。

15. 用跳线将面包板的 B-10 和 B-21 相连，使得 H 桥的 2 号脚和六位反相器的 2 号脚相连。如图 15-9 所示。

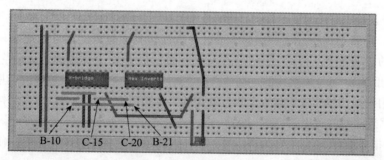

图 15-9　连接六位反相器

16. 现在，将 H 桥上的引脚 3 和引脚 6 连接到直流电动机上。把直流电动机的导线插入 E-7，另一根插入 E-8。选择哪根线插入 E-7 或 E-8 无所谓，如图 15-10 所示。

17. 将有 3 个引脚的电位计插入无焊面包板，电位计的最左边的引脚和 5V 电源相连。只需要将电位计的引脚插入 G-44 到 G-46 之中。如图 15-11 所示。

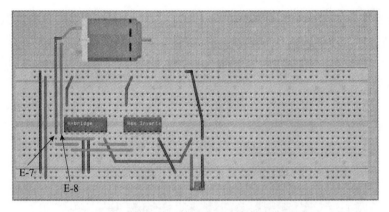

图 15-10 电动机和 H 桥的引脚 3 和引脚 6 相连

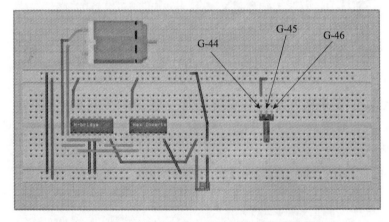

图 15-11 将电位计以及它的 5V 引脚与无焊面包板相连

18. 在面包板上添加两个按钮。第一个插入 B-40、B-42、E-40 和 E-42，另一个插入 B-47、B49、E-47 和 E-49 中。如图 15-12 所示。

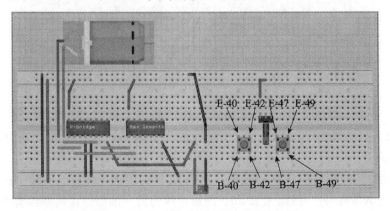

图 15-12 在无焊面包板上放入两个按钮

19. 在面包板上添加一个红色和绿色的 LED，并确保还有足够的位置放置其他器件。将红色 LED 的较长的引脚（阳极）插入 F-58，较短的引脚（阴极）插入 H-60；绿色 LED 的较长的引脚插入 E-58，较短的引脚插入 C-60。如图 15-13 所示。

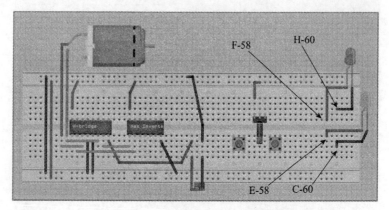

图 15-13　在无焊面包板上添加 LED

20. 在红色 LED 的阳极（较长的一端）连接一个 330Ω 的电阻，电阻的一端插入 H-58，另一端插入 H-54。另一个 330Ω 电阻接到绿色 LED 的阳极，同样电阻的一端插入 C-58，另一端插入 C-54。如图 15-14 所示。

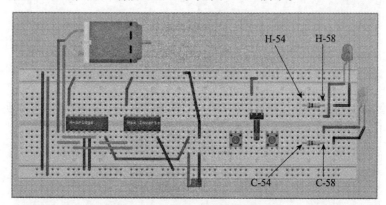

图 15-14　在 LED 的阳极添加电阻

21. 将地与每个按钮一边的引脚相连。这里使用了两根黑色跳线，一端插入 A-42，另一端插入 A-49。两根跳线的另一端都连接到面包板靠近蓝线的孔里面。

22. 用两根跳线分别将 GND 与红色和绿色 LED 的阴极（较短的一端）相连，一根插入 A-60，另一根插入 H-60，两根跳线的另一端都连接到靠近蓝色线的孔里面。

23. 将另一根线的一端与电位计的最右边的引脚相连，即插入 J-46，另一端插入靠近蓝线的孔里面。如图 15-15 所示。

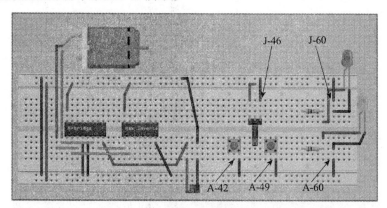

图 15-15　将电位计、按钮和 LED 与地相连

24. 现在将 Arduino 和面包板电路相连，先用一根跳线将 Arduino 的数字引脚 3（D3）和 H 桥的位于 B-9 的 1 号引脚相连，Arduino 的数字引脚 4（D4）和 H 桥位于 A-15 的引脚 7 相连。如图 15-16 所示。

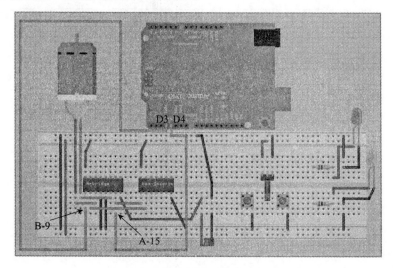

图 15-16　将 Arduino 和 H 桥相连

25. 接下来，将 Arduino 的数字引脚 9（D9）与第一个按钮的另一边在 A-40 处相连，Arduino 的数字引脚 10（D10）与另一个按钮的另一边在 A-47 处相连，如图 15-17 所示。

26. 现在在 F-54 处插入一根导线与电阻相连（与红色 LED 阳极相连的电阻），另一端与 Arduino 的数字引脚 12（D12）相连。另一根跳线在 A-54 处与另一个电阻相连（与绿色 LED 阳极相连的电阻），另一端与 Arduino 的数字引脚 11（D11）相连。如图 15-18 所示。

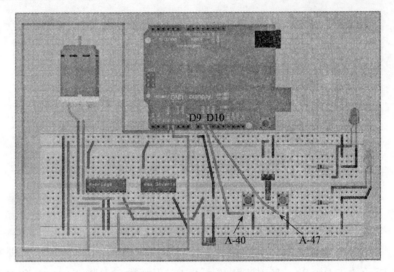

图 15-17　Arduino 和按钮相连

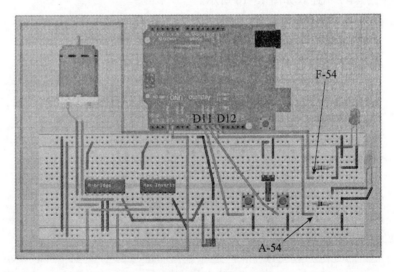

图 15-18　连接 LED 和 Arduino

27. 用一根跳线一端插入 J-45，另一端插入 A0，如图 15-19 所示，将电位计的中间的引脚和 Arduino 的模拟引脚 0 相连。

28. 将电源（+5V）和面包板上的电源接口的红线相连，将一根跳线一端插入面包板靠近红线的孔里面，另一端与 Arduino 的 +5V 相连。

29. 将 GND 和面包板上的电源接口的蓝线相连，将一根跳线一端插入面包板靠近蓝线的孔里面，另一端与 Arduino 的 GND 相连。如图 15-20 所示。

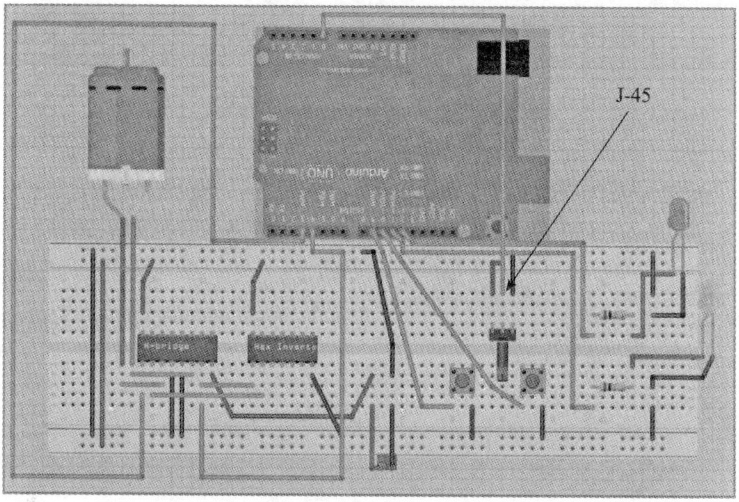

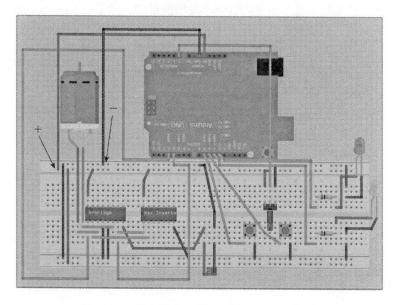

图 15-19 将电位计与 Arduino 相连

图 15-20 将电源（+5V）和地与 Arduino 相连

    图中的导线太多了！（图 15-21 为我们的小发明的最终效果图。）最好能够再次按照之前的步骤检查一下连线，确保所有的连线都是正确的。（我们有时候会将原理图检查十遍！）建议至少应该检查一遍你的连线。这个过程很乏味，但是检查能够帮助你查出错误，并且还能在后面保护器件。

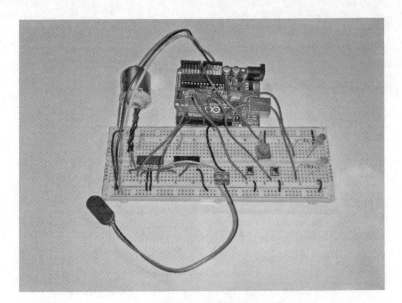

图 15-21　作者搭建的控制电动机的小发明

　　当你确定连线正确时，就准备进入这个小发明的最后一步了，在这个步骤中，你需要编写代码来控制电动机，以便能够让 Elle 和 Cade 用他们的方式通过房间的间隙。

第16章

挑战4：检查软件

可能你已经浏览了这个章节，了解了你将下载到小发明4里面的程序。如果你还未这么做，那可以从现在开始，先将它浏览完。看完代码清单16-1后再翻回来。下面给你点时间。

好的……有什么想法？比你预料的长些吗？那让你紧张了吗？好，别担心，通常看起来可怕的程序只不过是一连串重复的代码。你在第12章中已经学过如何插入"if-else"语句到主程序循环以反复检测是否满足某一个条件。但有时并不需要"if-else"语句。你只需要连续地检测传感器、发动机或其他器件的状态。

代码清单16-1确实很长，但是并不复杂。程序这么长是因为要处理不同的按钮按下时，电动机可以朝任意方向旋转这样的问题。我们并没有使用"if-else"语句，只是简单地复制了当一个按钮按下去时，控制电动机逆时针旋转的代码，然后稍加修改后粘贴为当按另一个按钮时，让电动机向相反方向运转的代码。在没有按钮按下的时候，也有一些停止电动机旋转的代码。理解了一个函数的功能，其他的也就自然而然地知道了。

我们在这之中也放入了一些LED和一个电位计，但是你应该很熟悉这些东西了，所以你在看程序的时候就不会有问题了。不过在任何情况下，我们都要弄清程序的各个部分，这样你才会对挑战4的发明有更好的理解。

在这个挑战中你不需要使用新的函数或结构，因为它充分利用了你在挑战1～3中所有学过的东西。我们使用Arduino上的模拟输入脚读取电位计的值；数字输出导通LED和发动机；数字输入读取两个按钮的值。所有的这些在之前的挑战中做过。新的挑战会教会你如何使用这些功能创造一个所有部分协调工作的系统。这章末尾，你应该完成一个能工作的电动机控制器，通过LED告诉你电动机朝哪个方向转动；而方向是根据你按的按钮来控制的；同时利用电位计控制电动机的速度。看下面的细节。

16.1 挑战4程序

首先看看需要对这个程序做的分解。用清单列出来就不会落下任何东西，并且对学习这个程序的不同部分会有帮助。下面是这个程序要用到的：

1. 必须考虑需要哪些变量与所有不同的 IO（输入和输出）交互。

2. 将会用 setup 结构初始化输出，并且使用一些 Arduino 的上拉电阻。

3. 在循环结构中，读取按钮的状态。

4. 也需要读模拟输入值（电压计）。

5. 需要将分压计的测量值缩小在 0～256 之间。电位计的值的范围为 0～1023，但我们会把它除以 4 后变为更容易使用的值。小的模拟范围意味着你可以获得满程的分压计的值，而不是 1/4 的电位计值空间。

6. 接下来要建立一个条件语句比较每个开关的通断（0 或 1）状态。记住，由于我们选用的是 Arduino 的内部上拉电阻（在挑战 2 中做过的），这种电路设计方式的开关的状态是相反的。有时，设计的选择会导致不同的程序。

7. 最后需要一种情形来说明两个按钮都不按下的状况。不要担心两个按钮都按下，因为在这种情况下，由于 "if-else" 语句的顺序执行，发动机会顺时针旋转。

代码清单 16-1 是这个挑战的最终程序。

代码清单 16-1　挑战 4 的最终程序

```
//初始化所有的引脚变量
Int LEDPin1=12;
int LEDPin2=11;
Int ButtonPin1=10;
int ButtonPin2=9;

Int MotorPWMPin=3;
Int MotorDirPin=4;
Int PotPin=A0;

//声明变量并初始化值
Int ButtonState1=0;
int ButtOnState2=0;
Int PotValue=0;
Int MappedPotValue=0;

void setup()
{
//设置引脚为输出
pinMode(LEDPin1, OUTPUT);
pinMode(LEDPin2, OUTPUT);
pinMode(MotorPWMPin, OUTPUT);
pinMode(MotorDirPin, OUTPUT);

//针对按钮，使用Arduino内部的上拉电阻
//这样按钮初始值不会浮动
digitalWrite(ButtonPin1, HIGH);
digitalWrite(ButtonPin2, HIGH);
}
```

```
void loop()
{
//读取按钮值
ButtonStatel=digitalRead(ButtonPinl);
ButtonState2=digitalRead(ButtonPin2);
//读电位计的值
PotValue=analogRead(PotPin);

//计算0到256内的点值
MappedPotValue=PotValue / 4;

if(ButtonStatel==0)
{
//如果按钮1按下,调整速度值与电位计的值相等,导通电动机逆时针旋转
analogWrite(MotorPWMPin, MappedPotValue);
digitalWrite(MotorDirPin, HIGH);
digitalWrite(LEDPinl, HIGH);
digitalWrite(LEDPin2, LOW);
}
else if(ButtonState2==0)
{
//如果按钮2按下,调整速度值与电位计的值相等,导通电动机顺时针旋转
analogWrite(MotorPWMPin,MappedPotValue);
digitalWrite(MotorDirPin, LOW);
digitalWrite(LEDPin2, HIGH);
digitalWrite(LEDPinl, LOW);
}
else
{
//停止电动机
digitalWrite(MotorPWMPin, LOW);
digitalWrite(MotorDirPin, LOW);
digitalWrite(LEDPin2, LOW);
digitalWrite(LEDPinl, LOW);
}
}
```

现在，将代码清单 16-1 上的框架分解为更小的部分，以便你能准确地知道程序所干的事情。

16.2　程序拆分

程序的第一部分的作用是申明一些变量并且为其赋初值。

```
//初始化所有的引脚变量
int LEDPinl=12;
int LEDPin2=11;
Int ButtonPinl=10;
```

```
int ButtonPin2=9;
Int MotorPWMPin=3;
Int MotorDirPin=4;
Int PotPin=A0;
//申明变量并初始化值
Int ButtonStatel=0;
int ButtonState2=0;
Int PotValue=0;
Int MappedPotValue=0;
```

我们有两个 LED，所以为其分配了 Arduino 上的数字接口 11 和 12。模拟脚（A0）连接到电位计。按钮 1 和 2 分别指定为数字接口 9 和 10，同时电动机与 Arduino 的两个引脚连接——D3(Arduino 上的数字接口 3) 和 D4。申明的变量用来表示按钮的状态，初始值为 0，意味着没有按下按钮。电位计的初始位置也设定为 0。如前注释的，我们将会用另一个变量去存储电位计的一个换算值。请记住，电位计的输出值在 0～1023 之间，但是我们想将其减小为 0～256 的范围，所以要使用 MappedPotValue 去存储缩小相应比例后的值。

程序的另一部分代码如下：

```
void setup()
{
//设置引脚为输出
pinMode(LEDPinl, OUTPUT);
pinMode(LEDPin2, OUTPUT);
pinMode(MotorPWMPin, OUTPUT);
pinMode(M0torDirPin, OUTPUT);

//针对按钮，使用Arduino内部的上拉电阻
//这样按钮初始值不会浮动
digitalWrite(ButtonPinl, HIGH);
digitalWrite(ButtonPin2, HIGH);
}
```

这里创建了一个 setup 的结构，将 LED 和电动机的引脚设置为输出。我们使用了 Arduino 内部的上拉电阻来确保不会读到不稳定的按钮值。如果是一个浮空的按钮，就会读到断断续续的通断的值。对于电路来说这是必须滤除的噪声，但是除了像这里这样使用上拉或者下拉电阻，其他则会对这些噪声束手无策。使用 digitalWrite 函数，将按钮值都写高，这意味着每个按钮都与电源相连，但是如果按下按钮，将会切断电源，使得当前的状态为低（0）。

现在让我们看看程序的最后一部分。这里面包含循环和 if 语句。下面的代码只显示了循环的部分，并不包括 if 语句。省略号代表着 if 的这一部分代码。

```
void loop()
{
//读取按钮值
ButtonStatel=digitalRead(ButtonPinl);
ButtonState2=digitalRead(ButtonPin2);
//读电位计的值
PotValue=analogRead(PotPin);
```

```
//计算0到256内的点值
MappedPotValue=PotValue/4;
...
}
```

主程序会一直循环，因此它会一直去检测按钮的状态（按下或者没有按下），程序之后存下了每个按钮的值，使用了 ButtonState1=digitalRead(ButtonPin1) 这样的语句。

digitalRead 命令很简单地读取开关的状态（以按钮 1 为例），看是否按下。但是，之前设置了每个按钮值为高，因此它读到的值为 1。按下按钮后会将状态变为低或者 0，而这个值（0）会写入 ButtonState1 这个变量里面。对于按钮 2 也是相同的——程序持续检测其是否按下。

回顾在挑战 3 中学的 if-else 语句，现在，这里是一个 if-else 语句的变换，可以让你无限地添加 else 语句，语句如下：

```
if(条件1)
{\\代码
}
else if(条件2)
{\\代码
}
else if(条件3)
{\\代码
}
else (条件4)
{\\代码
}
```

注意，你可以反复进入 else-if 条件。通常，最后一个就是一个简单的 else 条件。这就是这个程序所使用的。我们会进入一系列判断条件去检测下面可能发生的情况：

1. 按钮 1 按下
2. 按钮 2 按下
3. 任何按钮都没按下
4. 两个按钮都按下

如下完整的代码显示了程序中的循环和 if 条件下的所有情况：

```
void loop()
{
//读取按钮值
ButtonState1=digitalRead(ButtonPin1);
ButtonState2=digitalRead(ButtonPin2);
//读电位计的值
PotValue=analogRead(PotPin);

//计算0到256内的点值
MappedPotValue=PotValue / 4;

if(ButtonState1==0)
{
//如果按钮1按下，调整速度值与电位计的值相等，导通电动机逆时针旋转
```

```
analogWrite(MotorPWMPin, MappedPotValue);
digitalWrite(MotorDirPin, HIGH);
digitalWrite(LEDPin1, HIGH);
digitalWrite(LEDPin2, LOW);
}
else if(ButtonState2==0)
{
//如果按钮2按下，调整速度值与电位计的值相等，导通电动机顺时针旋转
analogWrite(MotorPWMPin,MappedPotValue);
digitalWrite(MotorDirPin, LOW);
digitalWrite(LEDPin2, HIGH);
digitalWrite(LEDPin1, LOW);
}
else
{
//停止电动机
digitalWrite(MotorPWMPin, LOW);
digitalWrite(MotorDirPin, LOW);
digitalWrite(LEDPin2, LOW);
digitalWrite(LEDPin1, LOW);
}
}
```

当按了按钮 1 后，if(ButtonState1==0) 为真，触发第一个判断条件。如果这样，紧跟 if 条件后花括号里的代码立刻执行。同样，当满足 else if (ButtonState2==0) 条件时，也是类似的过程。如果条件为真，那么按钮 2 按下。最后是 else 语句，如果既不按按钮 1 也不按按钮 2，那么 else 条件为真。

现在，让我们观察有一个按钮按下或都不按的情况下，后面的执行代码会干些什么。下面是第一个 if 分句里的部分：

```
{
//如果按钮1按下，调整速度值与电位计的值相等，导通电动机逆时针旋转
analogWrite(MotorPWMPin, MappedPotValue);
digitalWrite(MotorDirPin, HIGH);
digitalWrite(LEDPin1, HIGH);
digitalWrite(LEDPin2, LOW);
}
```

不要被这些代码吓到了。总的来说，当按按钮 1 时，下面的 if 语句说明程序是如何工作的（按按钮 2 与按钮 1 是同样的过程，但是电动机是顺时针旋转的）：

1. 检查电位计的位置。当按下按钮时，电动机会加速。因此，只要按住按钮 1 并转动电位计，速度值就会不断地变化。松了按钮，电动机就会停止。停止转动电位计（同时按着按钮 1），电动机会以恒定的速度运转。

2. MotorDirPin 值不是高就是低。当它高的时候，电动机向一个方向转动，当它低的时候，电动机向另一个方向转动。（你可以改变程序，通过变高为低，来改变按钮 1 控制的方向，不过记住要将 Button2 的 MotorDirPin 值由低改为高。）

3. 当按下按钮 1 时，LED1 会点亮（它的状态变为高）；同样，LED2 也会点亮（当按

下按钮 2 时），如果要将它熄灭，只需将值写低。

　　紧随 if 后面的 else-if 语句说明了按钮 2 按下后是如何控制电动机的。唯一不同的是电动机旋转的方向和哪一个 LED 会亮，另外，里面的代码几乎和按钮 1 一样。

　　最后一个 else 语句说明了没有按钮按下的情况。你认为会有什么情况发生？是的——电动机会停止旋转！下面的一段代码是 else 的执行语句。

```
else
{
//停止电动机
digitalWrite(MotorPWMPin, LOW);
digitalWrite(MotorDirPin, LOW);
digitalWrite(LEDPin2, LOW);
digitalWrite(LEDPin1, LOW);
}
}
```

　　1．电动机断电。

　　2．方向脚设置为低。

　　3．两个 LED 都熄灭（它们的状态设置为低）。

　　然后主程序继续循环，等待下一个按钮按下后改变电动机的状态（旋转还是不旋转以及旋转的方向）。主循环中不停地检测电位计的值，但是当没有按钮按下时，不会影响电动机的状态。

　　这就是所有的程序，比到目前你见过的程序都稍微长些，但当你弄清楚其工作原理时就会发现并没有那么复杂。

16.3　解决挑战 4

　　现在剩下的就是将 Arduino 和计算机相连，然后将代码下载到新发明中。完成后，你可以通过与计算机的 USB 相连或者将 9V 的电池连到双螺丝终端块上，这两种方式来给Arduino 供电，如图 16-1 所示。

　　要操作这个小装置，只用按下其中的一个按钮。当按下这个按钮的时候，电动机会在一个方向旋转并且点亮其中的一个 LED。释放按钮，按下另外一个。现在你应该会看到电动机转变方向，第二个 LED 亮，第一个 LED 熄灭。

　　你现在有了一个简易的装置可以控制简易电动机的方向和速度，Elle 和 Cade 就需要这样一个小发明来控制工具桶，这样可以让他们穿过货物之间的间隙。因为他们能控制方向，这样就可以把他们其中的一个和桶一起送过去，也可以让桶返回原来的位置，把另一个人带过去。

图 16-1　完整的挑战 4

第17章

捉 迷 藏

Cade 通过中点标志的时候说："我必须告诉你，在这个水桶里我一点安全感都没有。"

Cade 坚持先检查这个工具桶和覆盖的控制功能。任何其他时候，Elle 就会笑她的朋友脚贴着胸地挤在一个小的金属盒子里。

17.1 穿越

Elle 检查了按照 Andrew 的指示快速安装起来的设备，工作状态良好，电动机转动方向也是正确的，并将 Cade 传送到了房间的另一侧。

"再移五尺。"Elle 说道。

Cade 不能打开桶盖来看目的地还有多远，并且水桶移动得极其缓慢。

"我应该试试自己跳过去，这样太可笑了，"Cade 皱眉回应道，"那个 Gunther Canvin 在做什么，Andrew？"

"我现在还不能确定视频监控系统与他当前位置的距离，他已经从墙上移走了两个面板了，但关闭了生物体功能后我就不确定他在哪了。"Andrew 回答。

工具桶停了下来，Cade 在走出来之前朝下望了一眼，"这是我生命中最长的五分钟，"他说，"你最好能设计一个让水桶传送更快的工具。"

Elle 摇了摇头，并按下了设备上的一个按钮，水桶开始移向她，但这次快了很多，"我打赌是重量的原因，你看现在它移动得多快。"

Cade 舒展一下背，并伸出手，"扔了那些盒子，Elle，我们没有时间用桶来传送它们了。"

Elle 拿起两个元件工具盒里面的一个，目测了一下和 Cade 之间的距离，说："如果你抓不住它，它就会掉下去，抓住了！"

"扔过来吧。"

Elle 转了两圈，将工具盒扔到了分割线的另一边，在 Cade 伸手抓住它之前，她屏住呼吸，一直看着工具盒在上空划出的弧线。

Cade 听见周围的空气中有东西呼啸而过,他伸出一根手指,告诉 Elle 给他一点时间。

就在 Cade 抓住第二个工具盒一分钟后,传送桶也到了 Elle 所在房间的一端。

"赶紧地,Elle。"Cade 大叫道,将工具盒放到他的左边,"拿着笔记本进来。"

Elle 走进运送桶里,并将笔记本计算机包的带子挂在脖子和肩膀上,她俯下身,按下装置上的按钮,然后迅速地坐下来。

Cade 笑着说:"Elle,接下来可能是你经历过的最长的 10 秒。"

Elle 数到 10,桶开始移动时产生的震动吓了她一跳。

"忘记提醒你会有颠簸了。"Cade 说道。

Elle 不能转过身来看他,"你就告诉我还有多远行吗?"

当工作站的报警系统传来一个女性的声音时,运送桶只走了三分之一的路程。

"应急措施已经开始启动,请立即到疏散通道,所有救生舱会在 5 分钟内发射。"

"糟了。"Elle 说。

"啊,不是吧?"Cade 大叫道。

17.2　5 分钟!

"Andrew,可以关掉报警器吗?"Elle 哭叫着。

报警系统的声音好像越来越大,Elle 担心她和 Cade 听不到 Andrew 的回应,她也担心运送桶到现在只走了一半的路程。

Elle 仔细听了听,没有回应,就在她准备再次向 Andrew 叫喊时,报警声停止了。

"这样好些了吗,Elle?我对应急系统的控制有限,只能这样消除它的声音,我怀疑 Canvin 会注意到这样会给工作站带来其他的损害。"

"还有 4 分钟自动发射所有的救生舱,请尽快到最近的救生舱,可以按照墙上应急信号灯的指示找到最近的救生舱。还剩 3 分 40 秒,请尽快……"

"这听起来像 Kendrick 女士在说话吗?"Cade 问,"她一直不喜欢我。"

"Cade!"Elle 叫道,"注意了,还有多远?"

"快到了,Elle,"Cade 回应,"对不起。"

紧急提示还在一直不停地重复着,Elle 注意着信息里面最重要的部分,她和 Cade 还有不到 3 分钟的时间跑去逃生舱,"Andrew,我们到达 6 层的逃生舱需要多久?"她问道。

"如果你扔掉电子器件和笔记本跑,大概需要 70 秒。"

"时间足够了,"Cade 说,"Elle,还差 3 尺就完成剩下的部分了。"

Elle 笑了,然后工具桶就停下来了,并发出了一声响亮的摩擦声,接着就是几声爆裂声和嘶嘶声。

"开玩笑吗?"Elle 抱怨着。

"电动机似乎已经烧坏了,"Andrew 回应道,"系统承受的重量太大了。"

Cade 在一旁窃笑,"肯定是这些汉堡的原因,Elle。"

"还不是因为你，"Elle 无法转过来看他，"你现在能够抓住笔记本包了吗？"她将背带拉过头顶，并将包背在身后。

"摇一下。"Cade 说。

Elle 前后摇摆着包直到她感觉书包停止摇摆了。

"抓住了，快走。"

"还有 2 分钟 30 秒自动发射所有的救生舱，请尽快……"

"看起来不妙。"Elle 说。

"你可能需要跳了，Elle，我会抓住你的，"Cade 说，"我保证，站起来的时候小心。"

Elle 摇了摇头，"这太难了。"

"抓紧墙上的轨道，Elle，"Andrew 说，"我已经切断了桶的电源，不会吓到你的。"

Elle 将手指插入可以看到桶轴承的小槽里面，确定抓紧后，她就慢慢站起来，面向 Cade。

"喂，"Cade 说。他和 Elle 之间只有 3 尺的距离，但桶和地板边缘之间的距离看起来有 1 米，"你做得到的，一只脚踩在桶边缘上，然后跳下来。"

Elle 看了看下面，在下面 15 英尺的地方有一个金属的集装箱，"如果我撞到那个我可能就跳不起来了。"

"跳，Elle，加油！"

Elle 深呼吸了一下，将右脚踩在桶边缘上，用力一推，Cade 伸出手，抱住了她的肩膀，往回拖，两个人翻到在了地上。

"抓住你了！"

Elle 朝下看了看 Cade，她觉得他脸红了。

"还有件事我们一直没谈，对吗？"她说。

Elle 滚到左边，和 Cade 一起站了起来，Cade 傻笑着。

"Elle，Cade，快跑！"Andrew 说，"赶紧跟着墙上的红色箭头跑。"

17.3 狂奔！

"还有 1 分钟 45 秒自动发射所有的救生舱，请尽快……"

Cade 跑到了 5 层的走廊，他照着墙上红色箭头的指示，先向左转，然后右转，再左转。

"在那儿！"看到救生舱后他大喊道，他看到了可以将他们带到 6 层的梯子。

"还有 45 秒自动发射所有的救生舱，请尽快……"

"快爬，快爬。"Cade 让 Elle 先上了梯子，自己紧随其后。

"不应该带着这些装备的。"Elle 怒吼道。

Cade 点了点头，他紧随 Elle 之后，已经上气不接下气了，就在 Cade 到了第 5 层的顶端时，他的左手滑了一下，倒退了一步，头撞在了五六层之间的圆孔上，他的视线模糊了，然后就失去了平衡，跌落到了地板上。

"Cade！"

Cade 抱着头在地上打滚。

Elle 踩到下一节阶梯，开始向下爬。

"别下来，"Cade 吼道，瞪着 Elle，"赶紧去救生舱，赶紧，Elle！"

"还有 30 秒自动发射所有的救生舱，请尽快……"

Elle 下了梯子，来到 Cade 旁边，她伸出手抱着他的头仔细检查了一下。

"没出血，还能爬吗？有没有伤到其他地方？"她问。

Cade 摇了摇头，"好像没有，快走，Elle！"

Elle 扶起 Cade，把他的手放在梯子上，"快爬。"

"有点晕！"Cade 一边爬一边回应。

"还有 15 秒自动发射所有的救生舱。"

"Andrew？"Elle 说。

"不好意思，Elle。"Andrew 说。

"还有 10 秒自动发射所有的救生舱。"

"9。"

"8。"

Cade 从梯子上跳下来，看着 Elle，"对不起，Elle，都是我的错。"

"6。"

"5。"

"Elle，Cade，你们必须立刻返回货舱区域。"Andrew 说。

Cade 扬起眉毛，看着 Elle。

Elle 也看着 Cade，摇了摇头，"我不想和你再次冒险了。"

"3。"

"2。"

"1。"

"发射救生舱。"

在数十个救生舱发射出去的时候，学生的脚下可以感觉到一阵轻微的颤动。

"走吧，"Cade 说，"我猜你应该还有备用方案吧，Andrew？"

"我会给你们指示的，现在赶紧返回货舱。"Andrew 说。

17.4　步行

Cade 想要跑过去，但 Elle 告诉他他还受着伤，Elle 一直注意着他，以防再次跌倒或者失去意识。

"还有一种方法逃离这里，"Andrew 说，"很不幸的是，还需要你们继续往上爬。"

Elle 皱起了眉，试着思考工作站的布局，所有的救生舱都已经发射出去了，就她所能想起的，工作站好像没有备用的救生舱，他们还有什么备用方法出去呢？

Cade 肯定也在想着同样的事，因为他们都停下了脚步，互相看着对方。

"他是认真的吗？"Cade 问。

Elle 点了点头，"我觉得应该是。"

"这是唯一的办法了，"Andrew 打断道，"你们必须登上 Canvin 的飞船才能逃离这里。"

"啊，Andrew，"Cade 说，"我觉得他不会允许我们这么做的，这样会留下犯罪记录的，对吗？"

"他绝对不怀好意，"Elle 加了一句，"我甚至觉得我们不应该朝他那个方向走。"

"没有其他选择了，Elle，工作站的生物生存系统已经损坏了，这里面只有不到 10 个小时的氧气量了，救援船会在 3 个小时内到达，但工作站里面的温度会下降得很快，你们只有不到两个小时的时间到达飞船并离开。"

"万一我们碰到他怎么办？"Cade 问。

"工作站的人工智能和安全系统现在是离线的，所以我用不了视频安全系统。"

"很好，"Cade 打断了他，"就是说我们现在都不知道他在哪。"

"等你们取回装备后，我会给你们再组装一些装备，它会帮助我掌控 Canvin 的行动，他在层与层之间移动需要使用紧急逃生通道，这样我就可以追踪到他了。"

Elle 拉着 Cade，"赶紧，我们必须快点了，准备好没？"

Cade 点了点头，"我感觉好多了，走吧。"

Andrew 开始列举需要 Elle 和 Cade 从工具盒中重新取回的设备清单，他开始描述这些元件的时候，Elle 笑了。

"有点吓人，但我觉得我开始理解这些布局和编程的东西了。"Elle 说。

"我也是，我在想如果我们学会了所有这些，会不会得到额外的学分？"Cade 说。

"除非你能发明一个东西把我们从这个地方弄出去，等这一切结束后我们还会遇到一大堆问题。"

他们转了一个弯，进入了货舱。

"在那里，"Elle 指着笔记本包和工具盒说，"动工了！"

"移动传感器？"Cade 问，"这些可能会在接下来的实地考察中派上用场。"

"Cade！"

"不好意思。"

第18章

挑战 5：了解有趣的东西

你觉得挑战 4 怎样？很酷，对吗？电动机很有意思，并且我向你保证马上还要用上它，如果这些集成电路让你感到很困惑，不要急，因为我们也很困惑。但使用集成电路会达到更多意想不到的效果，所以本书后面会教你继续使用集成电路。

但先让我们来看看挑战 5，Elle 和 Cade 想要出双子座站的行动只能秘密进行。由于不知道其当前位置，所以 Andrew 想了一个很好的注意，将一些移动传感器分布在工作站的各个地方。（这里需要说明的是红外传感器本身不是一个移动传感器，但可以当成移动传感器用。）

我们先想象一下这样的情景，有很多种方法来探测物体的移动，你可以看到某个人正朝你走过来，但如果你不在附近，怎样才能知道有一个小弟弟或者小妹妹在未经允许的情况下进了你的房间呢？在谍战电影里面，你经常可以看到间谍在离开房间的时候贴了一根头发或者一片稻米在门沿上方。他们回来的时候，如果发现稻米或者头发不在门沿上方或者位置移动了，那就说明有人进来过了。

狗也是一个很好的移动传感器，但狗需要狗粮，需要陪它遛弯、给它洗澡以及进行其他一些护理，因此我们就不考虑狗，继续沿着小发明这条线来想。

首先，我们的发明必须很小，是吗？如果太大，侵入者就会看见它，然后想办法绕过它，所以我们希望它很小以便隐藏。另外，还需要便携，将它连在笔记本上就会工作，但如果我们需要紧急将它转移到其他地方呢？不要考虑将它连上笔记本了，我们用电池来给它供电。同时，我们可能会需要很多，所以它也不能很贵，对吗？我们不能控制 Arduino 的官方价格，但可以选择一些便宜的电子元器件。（顺便说一下，你也可以买兼容 Arduino 的开发板，可能也只需要 10 美金，但我们倾向于用 Arduino 官方的产品。）

那么我们的小发明检测到移动后会有什么反应呢？是希望响起一个声音尖锐的警报声以提醒我们的邻居呢，还是希望响起一个让侵入者察觉不到但自己知道的秘密的警报呢？

这都是很好的问题，也给你提供了一些很好的机会来修改挑战 5 中的小发明。但在做之前，你得弄清楚我们需要做什么？

是的，我们需要重新复习一下理论知识（你是不是已经开始打哈欠了？），来解释在挑战 5 中会用到的元器件是怎样工作的。

相信我们，挑战 5 会很有趣，搭建完成后，你会有一个很不错的小发明，可以用很大声的蜂鸣器来吓唬小弟弟小妹妹。

18.1　了解小发明 5

我们希望你能再次核对一下附录 A，确保已经收集到了挑战 5 中需要的所有元器件，但不要让这个精简的清单欺骗了，其实真正搭建一个小发明是不需要这么多的。

想不想看一下你的移动探测小发明有多简单？如图 18-1 所示，这就是最后的电路，很容易就可以看出多了两个新的东西。

板卡上有两个明显比一般的要大的东西，如果你对它们还不是很了解，好吧，现在就来深入了解一下。在图 18-1 中，板卡左上角的方形物体是一个 PIR 传感器。

如果你已经购买了这个器件，并且有现货，拿起它仔细看一下，PIR 就是无源红外线。你可能觉得应该给它取个更好的名字，PIR 传

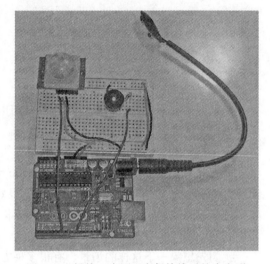

图 18-1　挑战 5 中用于安保接线后的小发明

感器的无源是指它不能发送任何信号，只能接收信号。那么它收到的是怎样的信息呢，很简单，它收到的是红外线或者热量信号，这就是 PIR 中 IR 的意思。PIR 传感器可以探测红外线的变化（例如，当你用手在它前面摇晃的时候），这样就可以检测出物体的移动了。

PIR 传感器的下面可以看到三个引脚，跟挑战 3 里的温度传感器一样，这里的每个引脚都会接到最后的电路板上（在第 19 章会详细讲解每个引脚的功能）。这些引脚都很短，所以需要用一种 6 针的针座将它和板卡连接起来。如果没有，就要弄一个，只有这样才能将 PIR 传感器和板卡正确地连接。

Andrew 5.0 的话

可以这样理解 PIR 传感器：当 PIR 传感器探测到有物体移动时，它真正检测到的是红外线的变化，因为所有的物体都会发热，所以所有的物体都会发射红外线。

Andrew 说的对，有很多不同种类的 PIR 传感器，但你使用的要适用于监测一个房间或者走廊，一定要谨记 PIR 传感器的顶部可以看到被监控房间的全部地方，不要把它放在毛毯下面或者书后面。另外它必须很小，除非刻意去找它，否则是不会发现的。让我们先这样期

望吧——至少 Elle 和 Cade 不会希望那个坏家伙知道自己被监控了的。

在挑战 5 中还有另外一个新东西你会用到的，图 18-1 中，在 PIR 传感器右边，你会看到一个蜂鸣器，正如你所想的，蜂鸣器只做一件事，并且做得很好，就是发出蜂鸣声。

在给蜂鸣器里面的小磁盘供电后，它就可以发出声音了，电流越大，声音的频率就越高。它不是靠塑料或者金属小球的摇晃来发出声音的，蜂鸣器的声音是通过改变程序里面的参数值来调整的，第 20 章会详细介绍。

现在需要整理一下你需要用到的其他东西——Arduino Uno，8 根跳线（我们使用的是两根绿色、三根红色和三根黑色，但你可以随意挑选颜色）、一个 9V 电源线和一个 9V 电源。

Andrew 5.0 的话

我想最后说一下这个移动探测小发明，这里作者在他的工程里面使用的是蜂鸣器，但我会让 Cade 和 Elle 使用 LED 来搭建他们的移动传感器。我不希望看到 Canvin 听到巨大的蜂鸣声，从而发觉有人在工作站安装了这些小东西，我会跟 Cade 和 Elle 说明让他们修改程序来点亮 LED，这样就只有我一个人可以发觉了。你自己可以随意改变点亮 LED 的方式，但我觉得蜂鸣器会更有趣，特别是如果你想吓唬一下不速之客。

是的，我们会让你使用蜂鸣器而不是 LED。你已经了解了怎样使用 Arduino 和板卡来点亮 LED，所以你可以随意再增加几个。如果可以通过修改程序点亮很多 LED 来让你感到自信，那就那样做吧！

你还可以用 PIR 传感器来触发一个电动机，可能你会想设计一个小的旋转机器人，当在某区域检测到移动后就会跑起来；也可能你会想使用声音传感器来检测声音。想象一下设计一个可以检测移动或者声音或者两个都可以探测的小发明，如果改变传感器，你就会有很多种方法实现，所以仔细考虑你想怎样拓展你的发明，让它更有特色。

18.2 准备好了吗?

挑战 5 会教你搭建一个很有实用价值的小发明，在前面的挑战中你可能已经接触到了很多的元器件，这样混合搭配元器件就会得心应手了，如电阻、LED、温度传感器，甚至电动机。（想象一下当 PIR 或者光线传感器或者声音传感器被触发后启动电动机的噪声！）

是时候开始搭建挑战 5 里面的小发明了，如果你还没有得到挑战 5 里面涉及的元件，附录 A 里面有一个完整的元件清单。第 19 章会告诉你搭建步骤，第 20 章会提供程序，下面就开始帮助 Cade 和 Elle 创建一个移动探测器，以便他们将这些东西分布在工作站里面帮 Andrew 监视 Canvin 的踪迹。

开始创建吧！

第19章

挑战5：检查硬件

目前你已经完成了一半了，继续努力。你已经完成了四个发明了，接下来就要开始做第五个了，希望这次你能在硬件知识上有所提高，发明时需要很大的耐心，对于观察元器件插入的位置以及用来连接元器件的走线方向也是如此。

在搭建电路的时候，一个最常见的错误就是接线错误，还记不记得 LED 有一个长引脚和一个短引脚，将 LED 的长引脚（阳极）接到电压的负极，短引脚（阴极）接到电压的正极，这种错误我们不知道犯了多少次了。虽然电阻你可以随意接，但很多元件不是这样的。你现在还没使用晶体管，但相信我，将它插错了，上电后你会听到嘶嘶的声音（晶体管会变得很烫）。所以在上电前一定要一而再再而三地检查你的电路，检查所有元器件摆放正确，接线合理。

下面就开始搭建挑战5的小发明。如第18章所述，这里你会用到两个新的元件（如果算 6 芯的针座就是三个）、一个 PIR 传感器和一个蜂鸣器。

PIR 传感器不是一个真正的移动传感器，但可以当成移动传感器。这个挑战会向你展示怎样用传感器来检测进入传感器探测范围内的人移动所产生的热量变化。

Andrew 5.0 的话

这里我打断一下，没有移动传感器能真正地探测移动，被动式红外传感器探测人体的热量，然后用热量变化来表示移动。超声波探测仪用声波的变化来表示移动。微波探测仪的工作原理和警用雷达枪相似，都是计算从发送一个声脉冲到接收到返回声脉冲的时间。所有这些探测仪都不能正确地检测到移动，而是用其他东西来表示的。

即使是人也不能真正地检测到运动，当你看到移动时，其实你的眼睛真正探测到的是光线的变化，然后你的大脑将这些变化解释，这样你就认为是有移动了。当你接触到某种你认为在移动的东西的时候，你是将压力的变化和与你身体的相对运动理解为你接触的东西正在移动。

不要觉得很难理解。对于我们这个项目而言，由热量的变化来表示有人移动就足够了。

Andrew 是正确的，我们可以将各种科技运用于探测移动，但选择解决问题最简单的办法才是最好的。Elle 和 Cade 所剩的时间已经不多了，在这种情况下用一个被动式红外传感器就足够了，并且使用其他元器件可以很快搭建起来，这是一种最节省时间的办法。

19.1 PIR 传感器详解

挑战 5 里面用到的一个新的硬件就是被动式红外传感器（PIR），如图 19-1 所示。PIR 传感器检测红外线（热量）的变化，这样就可以将其运用于移动监测，因为所有的物体都会有热辐射，所有物体都会产生热量，特别是人，PIR 传感器正好可以检测出人体的热量。

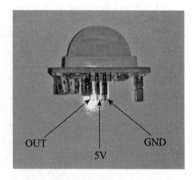

注意图 19-1 中，PIR 传感器有三个引脚（就像你用过的温度传感器一样）。5V 引脚是接 5V 电源，这个电源会由 Arduino 提供。

图 19-1　PIR 传感器及其引脚定义

Andrew 5.0 的话

你可能会摇头说"等等，Arduino 接的是一个 9V 的电池！"，你是正确的，Arduino Uno 自身接收到的是 9V 的电压，但它能给相连的电子器件提供 5V 或者 3.3V 的电压。对于这个电路而言，你需要从 Arduino 标示为 5V 的针座连接一根线到面包板上，这样 PIR 传感器就能接收到 5V 的电压了。

我们会将 PIR 传感器的 GND 引脚接到 GND，你可以从 Arduino 的 GND 引脚上接一根线到这个引脚上，但这里给你展示一种不同的方法。OUT 引脚当然就是 PIR 传感器给监测移动用的 Arduino（以及第 20 章会下载到 Arduino 里面的程序）传递警报信息的引脚了。

你在挑战 5 中会用到的另一个元件是蜂鸣器，给蜂鸣器的压电磁盘供电后，它就可以发出声音了，这个磁盘依据程序里面指定的频率来改变音量，图 19-2 所示即电路中增加的蜂鸣器。

另外你还需要一个 6 芯的针座，它的功能是作扩展用，因为 PIR 传感器的引脚非常短，难以插到面包板上，你可以将针座插到面包板上，然后将 PIR 插在针座上。

下面就开始吧！

图 19-2　蜂鸣器

19.2 构建小发明 5

这个电路上，需要将 PIR 传感器和蜂鸣器的引脚全都接在 Arduino 上。

👆 **注意**

不需要我们再提醒你面包板上的行列分布了，接下来的步骤中，我们只会告诉你将元器件插在第几行（一个数字）和第几列（一个字母），如果你的面包板没有标号，你可以自己标上数字和字母，否则你很难明白将线和元器件插入的位置以及他们的连接方式。

1. 确定 PIR 传感器上的跳线在 L 处，如图 19-3 所示。

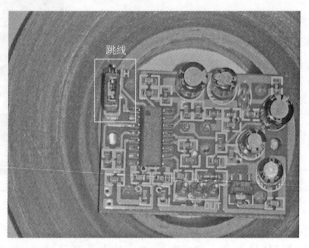

图 19-3　确定跳线位置正确

2. 第一步就是将 6 引脚可重叠母头针座插到无焊面包板上（从 J-5 到 J-10），如图 19-4 所示。

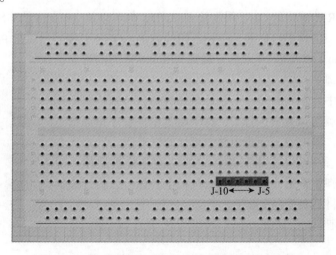

图 19-4　将 6 引脚可重叠母头针座插到无焊面包板

3. 下一步将 PIR 传感器插到 6 引脚针座的右边，就是 J5、J6 和 J7，确保 OUT 引脚插在 J5 上，如图 19-5 所示。如果你购买的 PIR 传感器不方便插到针座上，那你就需要将电容器的引脚（轻轻地）掰弯，直到可以插入。

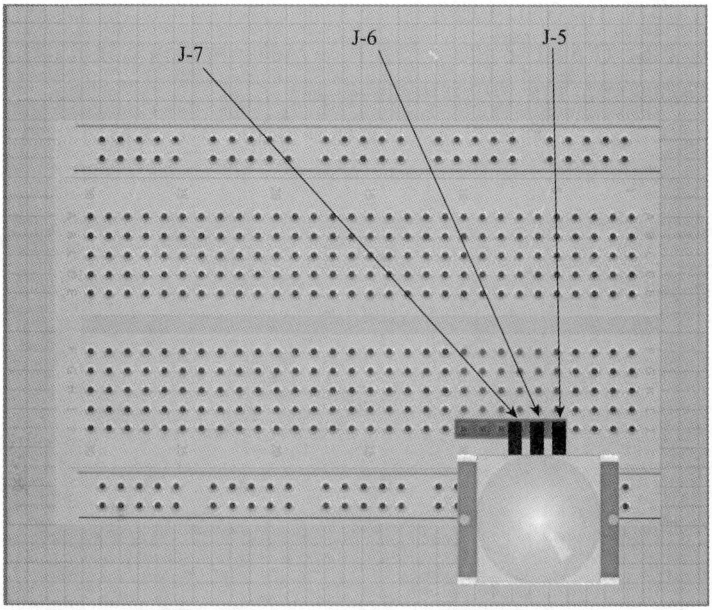

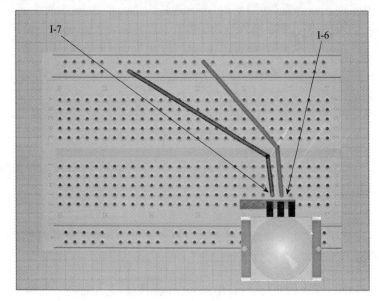

图 19-5 将 PIR 传感器插到引脚 6 针座上

4. 现在将 PIR 传感器上的 5V 引脚接到面包板上 5V 的地方，在图 19-6 中，就是面包板上红线右侧的一列洞，用一根红线将 I-6 和电源列里面的第 12 行接起来，用一根黑线将 I-7 和 GND 列的第 19 行接起来。

图 19-6 PIR 传感器电源和地的接线

如果面包板上没有蓝线和红线，你可以自己标上去或者记住哪列（因为列之间是并行运行的）用作电源，哪列用作 GND（地）。

5. 记住 I-6 和 F-6、G-6、H-6 和 J-6 是接在一起的，所以当将线插在 I-6 上时，就相当于你将线缠绕在 PIR 传感器中间的引脚上了。

6. 下面就要插蜂鸣器了，将蜂鸣器的一脚插到 H-19，另一脚插到 H-22，如图 19-7 所示。如果你分不清哪个脚是哪个脚，仔细看一下，上面都标明了。

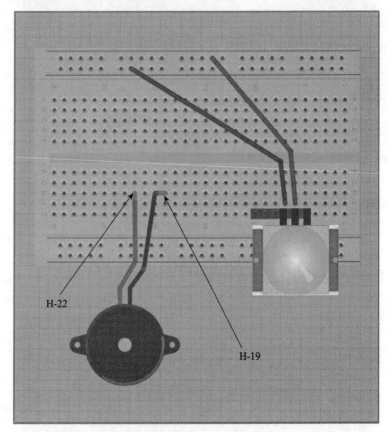

H-22

H-19

图 19-7　将蜂鸣器插到无焊面包板上

7. 下面就要给蜂鸣器接线了，从无焊面包板 GND 列的第 19 行接一根黑线到 J-19 引脚，如图 19-8 所示。

🖐注意

与前面的挑战一样，我们会用到无焊面包板电源和地的双面，这样电路看起来会整洁一些，并且也简单易学。

8. 不要直接将蜂鸣器接到 5V，可以增加一个电阻以防电压过高，在蜂鸣器的正极 F-22 处插入一个 100Ω 的电阻，电阻另一端接到 H-25，如图 19-9 所示。

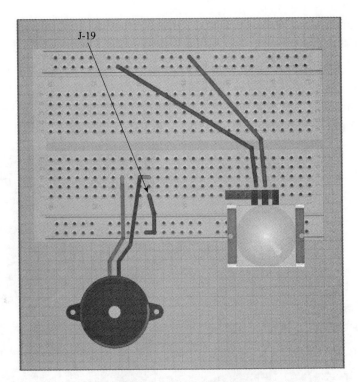

图 19-8 将地接到蜂鸣器上

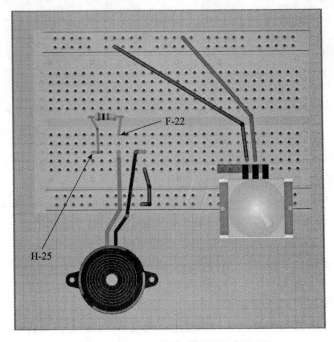

图 19-9 将 100Ω 的电阻接到蜂鸣器正极

9. 在忘掉前先确认一下电源列和 GND 列分别都接在一起了，这样正反面就都可以提供电源和地了，从一个电源孔那里接一根线（我们用的红色）到另一面的另一个电源孔（面包板最顶部或者最底部的孔是最容易实现的），地也进行同样的操作（用黑线），从一个地孔那里接一根线到另一面的另一个地孔，如图 19-10 所示。

10. 下面将 Arduino 接到电路中，把 I-5 和 D6（数字引脚 6）通过导线连接起来，这样就将 PIR 传感器的输出脚（图 19-1）和 Arduino 接起来了，如图 19-11 所示。

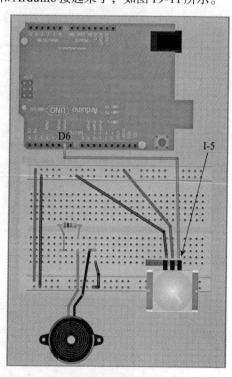

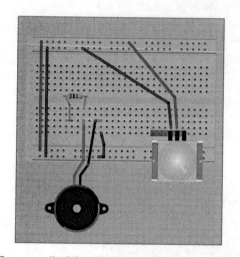

图 19-10　分别将地和电源的一面与另一面相接　　图 19-11　连接 PIR 传感器的输出引脚和 Arduino 的数字引脚 6

11. 接下来，将 Arduino 的数字引脚 9（D9）接到 F-25，这样就将 D9 和 100Ω 的电阻连起来了，如图 19-12 所示。

12. 现在将电源和地接到面包板上，这些都是通过 Arduino 完成的，Arduino 通过一个 9V 的电源供电，然后通过一根导线（我们用的红色）将电压从 +5V 引脚传送到面包板的电源列，将导线的另一端随便接在电源列的哪一行（这里接的是电源列第 13 行），用另外一根导线，一端接在 Arduino 的 GND 引脚上，另一端接在 GND 列（地列第 12 行），如图 19-13 所示。

13. 最后，将 9V 的电源线接到 Arduino 上，如图 19-14 所示。

就这样了，先不要将电源接进来，等程序下载到 Arduino 中后再接，第 20 章讲的就是挑战 5 中的小发明的程序，所以接着往下看，完成这个移动探测器。

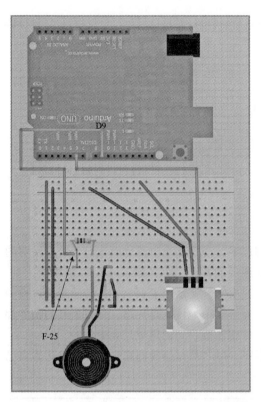

图 19-12　在 Arduino 的数字引脚 9 接 100Ω 电阻

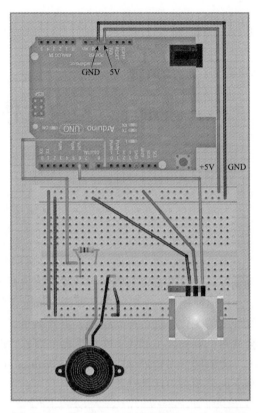

图 19-13　将 Arduino 上的电源（+5V）和地接
到无焊面包板上

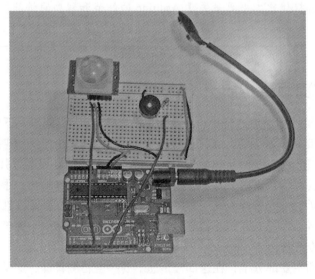

图 19-14　将电源线接到 Arduino

第20章

挑战 5：检查软件

书已过半，接下来你就要接触小发明 5 的程序了，现在这个阶段你应该已经将小发明的线接好，并且准备将它放到一个安全的地点来探测侵入者。

这里使用了一个特殊的东西来完成一件特殊的事情，就是用了一个 PIR 传感器通过检测红外线的变化来进行移动检测，那么什么是红外线呢？简单地说就是热量，并且所有的物体都会放热，有物体（如人）在传感器前面移动时，传感器接收到的热量是会变化的。

我们接下来会给你讲解下载到 Arduino 的程序，但之前先让我们来告诉你如果让你自己写，如何构造程序的结构。

```
Andrew 5.0 的话
    不要因为自己写程序就被吓到了，在本书的网站上，作者提供了很多你会使用到的
资源，这些资源会提供比本书更多关于 Arduino 的细节和程序的讲解，你随时可以去阅
读这些信息。
```

20.1 通过解决方案构思

花几秒钟的时候仔细想想这个小设备（PIR 小器件），大概地想一下它的程序会是怎样的，我们的设备需要做哪些事情？首先，程序要能区分 PIR 传感器和蜂鸣器，这样 Arduino 才知道控制哪个引脚，所以我们从初始化与蜂鸣器和 PIR 传感器相连的引脚开始程序。

同时我们也需要弄清楚这些设备中哪些用作输入，哪些用作输出，很简单，不是吗？蜂鸣器会发出声音，因此它是输出设备。PIR 传感器一直在检测红外线，红外线发生变化时就触发蜂鸣器发出声音，因此 PIR 传感器是我们的输入设备。程序的下面部分就是定义蜂鸣器为输出设备，PIR 传感器为输入设备。

下面就是程序的主要部分了，在这部分传感器要一直检测移动，这是设备上电后就要一直做的事情，所以无论我们增加了什么代码，程序都会一直运行，直到 Arduino 断电。你知

道这部分代码会在哪吗？当然是在 void loop() 里面，前面的程序里面经常可以看到它，对吗？

这部分程序会让 PIR 传感器检测是否有移动，这个动作每秒会发生成千上万次。等待移动……没有？再来一次，等待移动……还是没有？继续等待……有移动了，现在怎么办呢？

PIR 传感器检测到红外线变化后，我们就认为是有移动了，然后触发蜂鸣器，对吗？蜂鸣器发出的声音可以变化，所以我们还得指定蜂鸣器的音量、频率和持续时间，以让我们注意到有侵入者。

为了控制蜂鸣器，我们内置一个声音函数，这个函数让我们不必编一个十分复杂的程序来控制蜂鸣器的音量、音频和持续时间，只需将这些定义成一些数字就行了。就是说很容易修改这个监控器，也可以调整这些值直到我们满意它的音量及持续时间。

蜂鸣器停止后，PIR 传感器再次启动，等待红外线的变化。如果一直可以检测到变化（如侵入者的移动），那蜂鸣器就会一直发出声音，检测移动和触发蜂鸣器这个操作会一直不停循环，直到 PIR 传感器检测不到红外线变化。就是这么简单！

在深究程序代码前，我们先看一下前面提到的声音函数，以便让你理解不同的值怎样让蜂鸣器做不同的事情。

20.2　声音函数详解

Arduino 的声音函数不是很复杂，很容易将它嵌入程序中，后面是一个括号，里面包括三个变量或者值，以下就是这个函数：

```
tone(pin,frequency,duration)
```

pin 很好理解，就是 Arduino 与蜂鸣器相连的引脚，在我们的实验中，是 9 号引脚，但在程序中用一个变量 buzzerpin 来代表 9。使用像 buzzerpin 这样的变量，如果你需要改变 Arduino 与蜂鸣器相连的引脚，只需要在程序开端指定变量值的地方改变那个值就可以了。如果你在声音函数里面使用一个定值，那你还需要改变用到它的其他地方。使用 buzzerpin 这个变量，你可以在程序中用这个变量名来代替所有 Arduino 与蜂鸣器相连的引脚，不需要在很多地方来改变它的值。

第二个设置是频率，单位是 Hz，或者每秒周期数，1000Hz=1kHz。频率越高产生的音调也越高，频率越低音调也越低。你可以调整这个参数来将蜂鸣器的声音调到满意，但注意人的耳朵只能听到 20Hz 到 20kHz 范围的声音，这里设置为 5000Hz，发出的声音很悦耳很低沉，你可以试着升高它（如 7000Hz）或者降低它（如 2000Hz）看看会有什么效果。

最后，持续时间单位是 ms，记住 1000ms 就是 1s。如果你想让蜂鸣器响 2s，那就将这个值设置成 2000，如果想要它响 7s，那就设置成 7000。你也可以将它设置成小数，例如，2500 就是 2.5s。总之不论你想让它响多少秒，设置的时间就是这个值乘以 1000。

尽管在这个程序里不这样做，但你仍然可以不设置这个持续时间，这样蜂鸣器就会一直响，事实上不会永远响，你可以在程序中任何你想让它停止的地方添加一个静音的函数。

想到声音函数怎么写了吗？如果还是没有头绪也不要着急，因为接下来你会看到真正的代码，让我们看一下挑战 5 的全部程序代码，然后拆解开再详细讨论。

20.3 挑战 5 程序

代码清单 20-1 就是挑战 5 里面的全部代码，将程序通读一遍，看能不能找到我们之前讨论的结构，在程序开头能不能找到引脚初始化部分？接下来将蜂鸣器和 PIR 传感器定义为输入和输出的部分？你应该也会找到让 PIR 传感器一直检测移动的主循环部分。最后，你已经熟悉了 if-else 语句，在这里使用一次来决定接下来的行为——触发蜂鸣器或者关闭它。

代码清单 20-1　移动探测

```
//初始化蜂鸣器和PIR传感器引脚
int buzzerPin = 9;
int PIRPin = 6;
//PIR传感器状态初始化
int PIRState = 0;
void setup()
{
 //将PIR传感器设置为输入，蜂鸣器设置为输出
pinMode(PIRPin,INPUT);
pinMode(buzzerPin, OUTPUT);
}

void loop()
{
  //读入PIR状态（0或1）
PIRState = digitalRead(PIRPin);
//如果PIRState检测出物体的移动？
if (PIRState ==1)
{
 //蜂鸣器发出声音
tone(buzzerPin,5000,1000);
}
else
 {
  //蜂鸣器不发声
digitalWrite(buzzerPin,LOW);
 }
}
```

我们将程序拆成小部分，看看每部分的功能。首先，下面这部分是引脚初始化：

```
//初始化蜂鸣器和PIR传感器引脚
int buzzerPin = 9;
int PIRPin = 6;

// PIR传感器状态初始化
int PIRState = 0;
```

与预期的一样，将蜂鸣器接到了 Arduino 的 9 号引脚，如果你是按照第 19 章描述那样搭建的这个设备，那么你的蜂鸣器应该被接到了 9 号引脚，但要注意检查，看一下 Arduino 的 9 号引脚，然后跟着它的走线，看看它的另一端接到哪了，是不是接到了蜂鸣器的输出脚？如果不是，那就要改过来，翻回到第 19 章重新接线或者直接将导线的另一端接到蜂鸣器的输出引脚，将它和 Arduino 的 9 号引脚接起来。

PIR 传感器也是同样，程序里面将它接到了 6 号引脚，那你就要确认一下 Arduino 的 6 号引脚接在 PIR 传感器左边标示了 OUT 的引脚上。

最后，还要设置一下 PIRState，这样在 Arduino 上电后，如果没有检测到红外线变化，蜂鸣器就不会自动响起来，这里将 PIRState 设置成 0，当它为 0 时，表示没有检测到移动；当为 1 时，表示检测到移动。如果你刚开始不小心将它设置成 1，当设备上电后，蜂鸣器会立刻触发，一会儿再来解释，但你可以试一试，将 PIRState 变量的值设置为 1，然后上电，看会发生什么。

以下详细解释另一部分代码：

```
void setup()
{
  //将PIR传感器设置为输入，蜂鸣器设置为输出
pinMode(PIRPin,INPUT);
pinMode(buzzerPin, OUTPUT);
}
```

这部分真的很简单，主要定义 Arduino 上用到的引脚为输入引脚还是输出引脚，即用于接收信号还是发送信号？如果它接收信号，那就将它设置为 INPUT。例如，PIR 传感器，我们希望它检测红外线的变化（这样就能检测到进入房间或者在房间里面移动的任何有热量的物体），然后 Arduino 接收 PIR 传感器的信号。

相反，蜂鸣器就是输出，我们希望 Arduino 发送信号给蜂鸣器，所以将连接到蜂鸣器的引脚设置为输出引脚，这里使用的是 pinMode 函数来定义一个引脚被设置成输入引脚还是输出引脚，注意这部分代码用了两次 pinMode 函数，一个用于 PIRPin，值为 6，另一个用于 buzzerPin，值为 9，在程序的设置部分，pinMode 的意思是不论数字引脚 6 接的是什么，都把它当输入设备来用，不论数字引脚 9 接的什么，都把它当输出设备来用。

下面讨论程序的最后一部分：

```
void loop()
{
  //读入PIR状态（0或1）
PIRState = digitalRead(PIRPin);
//如果PIRState检测出物体的移动？
if (PIRState ==1)
{
  //蜂鸣器发出声音
tone(buzzerPin,5000,1000);
}
else
```

```
   {
     //蜂鸣器不发声
digitalWrite(buzzerPin,LOW);
   }
 }
```

我们将该部分程序分得更细一点，程序开始仅检查了 PIRState，如果 PIR 传感器的电压为高（5V），PIRState 就设置为 1；如果电压为低（0V），PIRState 就设置为 0。如果 PIR 传感器没检测到红外线的变化就会往数字引脚 6 发送 0（或者 0V），当它检测到红外线变化时，PIR 传感器就会往 Arduino 的数字引脚 6 输出一个高电平（5V）。digitalRead 命令一直在检查数字引脚 6 的值（或者 PIRPin 变量的值），这个操作每秒会进行成千上万次，不论收到的是什么值，它都会将它赋给 PIRState 变量。

下面来看一下 if-else 语句。这里会发生两种情况：蜂鸣器发出声音或者没有声音。使用 if-else 语句，可以这样表示这两种情况：如果 PIRState 的值为 1（检测到移动），触发蜂鸣器，否则（else）如果 PIRState 值为 0（未检测到移动），不要触发蜂鸣器。

如果表达式（PIRState==1）为真，就会运行接下来括号里面的代码 tone(buzzerPin，5000,1000)，意思是将声音设置为 5kHz，触发蜂鸣器响一秒钟（1000ms）。

否则，程序就会在 else 子句里执行 digitalWrite(buzzerPin, LOW) 函数，这个函数就是关闭蜂鸣器，如果蜂鸣器没有发出响声，就保持这个状态。

程序就是这样，主要用于十分简单的移动探测仪，当检测到移动后，就会触发蜂鸣器发出一个为时 1 秒的简单声音，你也可以尝试改变一下其他设置的值，例如，频率和持续时间。你也可以研究用 LED 来替换蜂鸣器，检测到移动后将灯点亮。但记住，在某些场合，不要用侵入者听得到的警报声，以免侵入者发觉已经有人发现他的行踪了。

20.4 解决挑战 5

图 20-1 展示的是完整的设备，接下来将设备接到计算机上下载程序，下载完成后，像挑战 2 里面一样给 Arduino 接一个 9V 的电池，接上去后等待 30s，以便 PIR 传感器校准。

一旦校准完成，PIR 传感器就会通过红外线来监测移动，每次移动的时候它都会发出声音。

Elle 和 Cade 做了很多这样的传感器，并在 Andrew 的指示下将它们安置在工作站的各个角落，Andrew 将会监控传感器很难检测的地方以及摧毁的地方。有了这些传感器，Elle 和 Cade 在 Cavin 先生接近的时候就会得到警告提示。

不仅人体会发出热量，其他很多物体也是一样，我们用一本笔记本在设备前面来回移动，笔记本热量的变化也会触发它发出声音。

试着去体验一下你的设备有多敏感，看它能探测到什么样的移动，能不能监测到狗的移动？猫的移动？微风吹动的窗帘？集思广益，尝试不同的想法也是 Arduino 的乐趣之一。

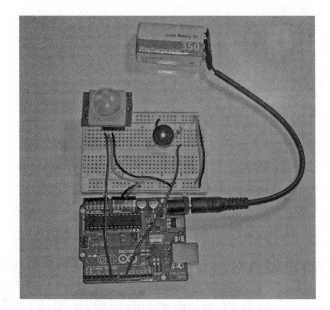

图 20-1 挑战 5 的完整的移动探测器

第21章

旋 转 木 马

在第 8 层应急管道的一个角落，"这是最后一个了，" Cade 一边安放运动察觉器一边说，"如果有人从这里经过，Andrew，你确定察觉器会发出一声嘟嘟声，然后你可以听见响动？"

Andrew 回答："工作站的声音传感器的性能似乎并没有明显的下降。如果你和 Elle 放置运动察觉器发出一声嘟嘟声，我应该是能判定声源的位置的。而且 Canvin 应该不会仅因为一次嘟嘟的响声就怀疑自己被跟踪了。"

Elle 皱着眉头说："希望如此吧。你怎么如此确定他一定会往下层走呢？他来这个地方究竟想偷什么东西？"

"Elle，这座站中有成百上千包含着大量 e-credit 的古老设备。我查过工作站中保存的通行记录，Canvin 在过去的 232 天来过这里 8 次。虽然我不能确定他来这里究竟去了哪些位置，但是我猜他一定做了一些调查，并且了解他想要的东西。最有价值的东西在第 2 层和第 3 层。我通过传感器能感知他现在正在迅速地向第 10 层移动。现在你们两个需要快点爬上第 9 层。"

Cade 一边快速地爬楼梯一边说："那我们快点走吧。"他一会儿就消失在视线中，低头爬过层与层之间一个洞后，他向 Elle 伸出左臂说："把笔记本递给我。"

Elle 提着计算机包，爬了两个阶梯后把计算机递给 Cade。Elle 也马上爬上了第 10 层，心里想着还有两层就可以到达穿梭机了。

21.1　险遭意外

Cade 把 Elle 往后推到一个小凹室处，小声说："听见了么？" Elle 回答说，"没有啊，没听见什么声音啊。" Cade 连忙做出嘘的手势。

"嘣！"毫无疑问这是金属碰撞的声音。由于回音的影响，他们不能确定声音源头距离这里有多远，但可以肯定是在这一层发出的。

Cade 小声说："往这边，快点走。"

Cade 轻推着 Elle 往回走，向第 9 层撤退。Elle 努力尽量不让计算机和工具箱相互碰撞，但 Cade 好像并不担心。

"会是他么？"Elle 问。

Cade 停下来，环望四周以后说："应该是他，这座站里没有其他人了，不是么？"

Elle 小声说："我希望 Andrew 可以和我通话。"

"看后面，"Cade 说道，并点头向堆放着机器和工具的方向示意。它们看起来好像已经损坏，或者太古老了。Andrew 曾告诉他们第 9 层是这座站的维护和管理部分。这里堆了太多的物品，以致都看不见尽头，Cade 对于这种场景感到很兴奋。

Elle 从一些设备跨过，走到一个周围带有钩子的塑料箱的下面。一个钩子刚好挂住了计算机包的带子，当 Elle 准备用力拉包带子时，Cade 连忙抓住她的肩膀，往上指着。塑料盒还连着一个小的盒子，小盒子里面装满了各种金属物件，并且还在前后摇晃。

Elle 看到这种场景不禁说："哦，千万别掉下来啊。"

当小盒子快要撞到边缘时，Cade 在千钧一发之际用手扶住了盒子，用很大的劲才把盒子放回原位。Cade 又向 Elle 一边展示他的露齿笑一边说："好险啊。"他把计算机包的带子从钩子上取下来，然后又跟着她向里面走去。

Elle 蹲伏下来，已经看不到刚才走过的门廊了。她向 Cade 靠过去，小声说："我们已经走得够远了，如果他要过来找这里的东西怎么办？"

Cade 摇摇头，"这些东西都是坏的，他应该是在找可以正常工作的物品，我们先在这里等一会，看会发生什么。"

Elle 点点头，微微地笑了一下。

突然，又出现一声巨响，这次的声音更大了。Cade 和 Elle 都不禁屏住呼吸，等待着……

21.2　这里没什么可看的

Elle 和 Cade 确定他们肯定是被发现了。他们躲在器件堆后面，但是并没有发现 Gunther Canvin。Cade 已经拿起了一个短的金属棒，可能是在刚才爬的过程中捡到的，他紧紧地握着金属棒，他要保护自己和朋友。

但这个小偷一定是失去了兴趣，因为他往地板上扔了什么东西，发出很大的声响，然后失望地走开了，离开的时候还用什么金属物品向墙上砸了一下。

Cade 盯着 Elle。他们的脸色都轻松了一些。"再等一分钟吧。"他小声说。

"好吧，再等一分钟。"Elle 回答，显然她的声音里还带些颤抖，毕竟 Gunther Canvin 刚才差一点就发现他们了。

三分钟后，Elle 和 Cade 才开始慢慢地爬过盒子。Cade 拿着计算机包，在 Elle 快要爬出去的时候，他坐了下来。

"你在做什么？"Elle 问，因为她看到 Cade 向着 Gunther Canvin 刚才走的方向匍匐。

"只是想确认他确实是往这边走了。"Cade 说。

"没时间了，这只有一条路走。他是从那边过来的。"Elle 说，并指着应急管道，从那可以通向第 10 层。"而他想偷的东西是在那边。"

Cade 想了想，然后点了点头。

"Andrew 说过我们需要赶到第 10 层的工程部，到那里才能和他联系。快点，这边走。"

Elle 领着 Cade 向漆黑的门廊走去。正在闪烁的灯光提示生命支持系统正在崩溃，Elle 感觉温度已经下降很多了，身体不由自主地开始有些哆嗦了。

21.3 一个工程问题

"第 10 层到了，"Cade 一边说着一边将 Elle 从应急管中拉出。"我觉得我们在这座站里学到的知识比在学校的多很多。"

"别开玩笑了，"Elle 回答。"你想待着这里学习更多知识吗？"

Cade 窃笑着说："不，我还是想离开这里。"

Elle 向她的朋友笑了笑，点头示意说："工程部就在这个门厅中。"

"我很纳闷为什么 Andrew 警告我们千万不要把笔记本和工具箱弄丢了。"Cade 皱着眉头说。

"我感觉我已经成为一个电子学和编程专家了。"Elle 这样说，还一边往后看，确保后面没有人跟踪。

"是啊，其实这挺有趣的，就是挺危险的。"

"也许老师在给我们布置家庭作业的时候，都应该让我们面对着生与死的抉择。这样我打赌，你的成绩一定会提升。"Elle 笑着对 Cade 说。

"嗨！"

Cade 还没有来得及回应，Elle 已经向前面的一个大门招手了。"我们来啦。"

Cade 跟着 Elle 穿过这个门，期望着听到 Andrew 那熟悉的声音。即使身处危险之中，Andrew 依然保持得很平静，似乎根本就不在意生命支持系统正在崩溃，然后还有一个罪犯和我们周旋，并且还需要修复很多电子设备才能逃离这个站点等问题。

"看到你们两个真是太好了，"Andrew 说，声音在这个偌大的房间内产生了回音。这个房间里面有许多工作站，这些工作站在房间的中央被隔间围成一个圆。隔间由一整块透明的物体构成，一直从地板延伸到天花板。

"嗨，Andrew!"Elle 和 Cade 一起叫道。

"告诉你们一个好消息，Gunther Canvin 触发了你们在第 7 层布置的运动察觉器，我猜他应该准备前往第 6 层了。你们还没有脱离危险，但他一旦进入第 2 层和第 3 层，我就可以通过视觉监视他的行动了。"

Elle 指着圆形隔间说："你真的可以看见我们么？怎么没有看见摄像头啊？"

"我是靠听觉，你们走路有两种步伐，我了解你们步伐的频率和声响。"

Cade 点头同意，"当然。"

Elle 笑了笑。

"请勿见怪，Andrew，但是我们真的很想从这个站逃出去，请告诉我们怎么走。"

短暂的沉默之后。"很抱歉，Elle。这个站点的损坏程度过于严重，并且还伴随着电力故障和一些小的火灾。恐怕你们现在需要完成另一项重要的任务。"

Cade 指着房间中心的透明隔间说："我猜这和里面的机器的前后颤动有关系吧，是吗？"

"那个设备是站点的微融合驱动和控制系统之间的电源连接。当站点受到袭击时，将进入离线模式，Gunther Canvin 试图重新连接。但是并没有成功，所以他感到很沮丧。"

Elle 疑问道："他感到很沮丧？"

"他用一个大扳手将工作站砸毁了。"Andrew 回答。

"哦，但是为什么他想重新连接呢？"Elle 说。

"因为如果可以重新连接，那么他就可以更方便地使用电梯在各层间穿梭。但是现在电梯也处于离线状态。他做的破坏现在让事情变得更糟糕。"

"怎么办？应该没有事情比失去生命支持系统更糟糕了吧。"Cade 问。

"必须要修复电源连接，否则穿梭机是无法从站点离开的。"

Elle 点头说："是变得更糟糕了。"

Cade 看了看自己和 Elle 手中的工具箱，然后笑了笑。

"我们不能轻易放弃，是吧，Andrew？"他这样说，并看向 Elle 手中的工具箱。"你会告诉我们怎么修复的，对吧？"

"修复工作很简单，"Andrew 说。"隔间中的控制器仅依赖一个简单的伺服电动机。如果你可以控制伺服电动机，那么控制器会自动恢复电源连接。你只需要将控制器调到30°、60°、90°、120°和150°的位置。剩下的工作就交给控制器。"

"这个太简单了。"Cade 说。

"别人经常说你很刻薄，我完全不同意。"Elle 说。

Cade 看着 Elle。"呃……"

Elle 笑着说："那我们快开始吧，我想回家了。"

"请找出我描述的部件。我会教你们制作可以控制伺服机移动的电路。"Andrew 说。

Elle 和 Cade 打开工具箱，开始拿出各种小盒子。

"别人说我很刻薄？"Cade 想起刚才的话，这样问道。

"没有啦，我刚是开玩笑的。"

"哦。"

Elle 笑了。

"不对！你骗我！"

"快做你的工作吧！"

第22章

挑战 6：了解有趣的东西

本书后面部分还剩余三个挑战，你现在是否感觉到已经从新手变成了专家？好吧，也许你现在的技术还并不那么熟练，但必须承认的一点是，你已经学会了很多了！温度传感器、红外探头、直流电动机，甚至集成电路。你已经掌握了电阻和 LED，并且也知道电源和地与搭建电路的关系。你现在可以昂首挺胸了，因为你现在已经掌握到更多关于 Arduino 和其他相关电子器件的知识了，这已经比大多数声称自己了解 Arduino 的人要强很多。你已经成为一个 Arduino 专家了。

现在，你很可能会疑惑下一步将会学习到什么内容？正如你知道的那样，Elle 和 Cade 需要制作一个小的控制器来控制伺服电动机的动作。但是什么是伺服电动机？伺服电动机实际上是一种电动机，你在挑战 4 中已经接触过直流电动机。伺服电动机与标准直流电动机有些相似，但是伺服电动机具有一些特殊的功能。是什么功能呢？可以告诉一种十分依赖伺服电动机的产品，机器人。不错，就是机器人！我认为"机器人"这个词可以引起众位读者的注意。

当然，现在还不能去做机器人。（但是，在后面的挑战中将会研究这一话题。）

现在，Elle 和 Cade 需要能够转动一个设备，这个设备可以在不同角度做出多种动作。所以本章的研究内容就是制作一个控制器，它可以控制伺服电动机的位置。

22.1　了解小发明 6

翻阅附录 A 的内容，确保你有挑战 6 实验所需的所有器材。大部分器件在前面的实验中都使用过，除了伺服电动机。

图 22-1 就是该实验所要完成的最终实物电路。伺服电动机位于图片的左上角，那个黑色的物体。仔细观察，你可以看见 4 个旋转的臂。

如果已经有伺服电动机，首先对它做一番检查。查看转动轴是否可以转动，无论逆时针还是顺时针——尽可能多转几圈。记住，伺服电动机上电以后，不要再用手拨动转动轴。伺服电动机在开始上电时可能不会立刻转动——人为强制性的转动电动机的中心轴可能会对电动机造成损坏。

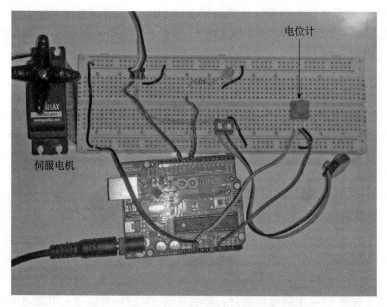

图 22-1　带有伺服电动机的挑战 6 的最终电路

注意伺服电动机有一个特别的连接器。连接器的针脚可以很容易插进面包板中，但在第 23 章，你要特别注意伺服电动机的电源和地是怎样相连的。要使伺服电动机正常转动，电源和地的正确连接方式只有一种。

Andrew 5.0 的话

你或许已经收到购买的伺服电动机，包装里面可能包含许多各种形状小的塑料或者金属物件。这些都是连接器件，经常用来连接非电气部分，如机器人的腿，用于打开或关闭开关的金属棒。

不要把它们扔了！如果不打算立即使用，也请把它们收好。在制作机器人或其他物品时，不知道什么时候可能就会用到这些连接器。虽然你也可以单独购买连接器，但是很难买到完全匹配的。所以这些原装的配件是最好的。但你的电子元件越来越多时，养成把元器件放进物料袋的习惯，并做上标签。

图 22-1 中你可以看见一个电位计。电位计用来控制伺服电动机转动的方向和转动的角度。如果电位计向左转，那么伺服电动机逆时针旋转。如果电位计向右转，那么伺服电动机顺时针旋转。很简单！

LED 在这个实验中很重要。Elle 和 Cade 需要将伺服电动机转动至 30°、60°、90°、120° 和 150° 的位置。当伺服电动机逆时针旋转（以 0° 作为起始标准），当转动的角度与预定角度差别小于 5° 时，LED 就会点亮。换句话说，如果将伺服电动机设置为 30°，那么当伺服电动机的角度在 25° 与 35° 之间时，那么 LED 会处于点亮状态。

Elle 和 Cade 并不需要将伺服电动机精确对准 30°，但是伺服电动机本身是具有这个精确度的。可以使用程序控制精确度。人们仅凭感觉是很难将伺服电动机调节到准确的角度的。这就是用 LED 来表示是否接近目标角度的原因。

Andrew 5.0 的话

　　一些伺服电动机的角度可以精确到小数部分，这意味着他们有着精确的转动性能。这类电动机经常用于危险和敏感的任务中。想象一下，如果一个外科医生操作 Da Vinci 外科机器人，你肯定不会只想让机器人的动作以 5° 为最小单位，对吗？你肯定希望这个机器人越精确越好，但是这样的机器人所用的伺服电动机会非常昂贵。

　　在制造业中，你希望你的汽车的螺栓的放置，部件的焊接是大概准确？还是精确？

　　随着伺服电动机控制的准确性增加，它们的价格也在增加。对于挑战 6 来讲，准确性并不是一个关键问题。请记住，准确性是与成本成正比的，如果你想制作一个可以执行准确动作的机器人，那么你可以在伺服电动机上多花费一些。

如果仔细观察图 22-1 中的电源部分，你会发现 9V 的电池线束。但是 Arduino 本身还由一个交流适配器供电。为什么需要两个电源呢？

即使一个小的伺服电动机，对电源的要求都比较高——不能总是由电池供电。这种情况下，整个电路的电源部分可以由交流适配器供电。其实由 9V 的电池供电时，整个电路的工作也正常。我们在这里给出两个选择，是为了防止电池在使用一段时间后，供电的性能下降，可能导致伺服电动机停止旋转。

22.2　准备好了吗？

挑战 6 中的伺服电动机的详细讨论将在稍后进行。现在，你可以在使用过的器件的列表中加上一个伺服电动机了，我们希望你现在可以开始思考对 Arduino 控制这些部件的掌握程度。

挑战 6 做的东西并不复杂，但是记住一点：在一个系统加入其他模块之前，掌握各个模块的工作原理和过程十分重要。系统可以很快变得很复杂，但是只要你知道各个器件是如何工作的，你就可以很容易增加新的器件从而构建更加复杂的电路。

第 23 章会一步一步教你如何搭建挑战 6 中的装置。花点时间检查每个步骤的图片，阅读说明书，把它们组装起来。完成以后，你就可以进入第 24 章学习编程步骤了。

开始行动吧！

挑战6：检查硬件

你已经迅速成为一个渊博的 Arduino 多面手！通过对前面五个实验的顺利完成，现在第六个也快要完成了，你应该对你的成果感到骄傲。现在，你应该培养出你自己在处理电子学问题时的方法论。

遇到问题时，第一件要做的事就是确定问题，或者目标。对于挑战6来讲，目标就是将安装在大型电动机上的一组工具从一个地点移动到另一处。工具是固定在电动机上，所以你要做的工作只是将工具旋转到指定位置即可。但就是这样一个挑战，你会从中收获很多。

当遇到一个用电子学方案解决的问题时，要做的第二件事（在确立目标之后）就是确定你必须或者可能使用的物品。以运动察觉器为例。虽然你在接触运动察觉器之前可能并不知道红外传感器，可你至少应该想到你需要一个设备去察觉动作。这可能需要你上网搜索一些更多关于电子学的知识。红外传感器当然不是唯一的可以检测动作的方式（举个例子来说，激光、压力传感器同样也可以），但是红外的成本较低，并且工作简单。在处理问题时，记住要把复杂的问题简单化。红外传感器原理很简单——它在没有发现动作时，发送 0 电平信号；反之，则发送 1 电平信号。很简单！

现在考虑挑战6。控制器已经损坏，Elle 和 Cade 需要找到一种简单的方式来使电动机转动——此处为伺服电动机。在这里特意指明是伺服电动机，但是想想以前我们所用过的器件。有器件可以帮助我们完成顺/逆时针转动电动机到特定的角度吗？

让我们想一想。按钮可以吗？我们可以使用两个按钮——一个用来控制电动机顺时针旋转，一个逆时针旋转。按一下，电动机可以旋转一个小的角度，但是相对于计算机来讲，人的反应太慢了。你认为你只按下 0.5s，但是电动机在这个时间段内已经转过几百度了。另一种方法是使用串行监控观察电动机的转动，然后通过键盘输入电动机预定的转动角度。这是个好主意，但是在编程实现上可能就不那么简单了。我们想以简单的方式，并且可以使人们直观地观察到实验的效果——可以根据我们施加的控制实时的观察到电动机的转动。

电位计怎么样？它有一个小的转盘，用手可以分别向左向右旋转。更重要的是，可以编写程序控制电位计转动和伺服电动机转动的映射关系。可以很容易地通过旋转电位计来将电动机旋转一个角度。

还有很多其他选择。我们可以使用声音传感器，并编程侦听声音的强度继而控制转动的角度，但这样不是十分准确。光线传感器怎么样呢？利用光的强度转动电动机？与声音传感器一样，因为很难去调节光通量，所以难以准确控制电动机。

算了……还是用电位计吧。我们可以向左向右旋转电位计直接在视觉上控制电动机转动的角度。使用量角器测量度数，并在 0°、30°、60°、90°、120°、150° 和 180° 做标记，转动电位计，观察电动机的臂何时指向指定的角度。Elle 和 Cade 允许转动存在 5° 的误差，电位计可以满足这个精度，开始实验吧！

23.1 仔细研究伺服电动机

在实际组装挑战 6 的电路之前，我们先仔细研究一下本实验中的关键器件。它就是伺服电动机，由于大型伺服电动机与小型的工作原理是一样的，我们可以首先测试对小型的伺服电动机的控制，继而延伸到较大的伺服电动机，控制同样生效。

究竟什么是伺服电动机呢？伺服电动机是一类非常特殊的电动机，它可以向控制器提供反馈。控制器利用反馈来决定伺服电动机当前的位置。有时是通过电位计向控制器报告当前位置，有时是根据旋转编码器。哇哦！旋转编码器？是的，旋转编码器实质上是一个数字电路（电位计则是模拟的），它可以向控制器（Arduino）报告转动信息。并不是简单地反馈诸如 0、90 或者是 180（度）这样的值，而是以一种机器可以明白的方式：很多 1 和 0。所以，伺服电动机将旋转的角度和速度用编码的方式来反馈信息。现在你只需要知道伺服电动机可以转动特定角度就可以了（无论顺时针还是逆时针）。然后我们要做的就是确定如何使用电位计控制电动机的转动角度和转动方向。

另外一点需要知道的信息是，存在许多种不同的伺服电动机。在挑战 6 中用到的电动机是可以在 0~180 度之间变化的，有的可以在 0~360 度之间变化。

电动机怎么确定需要转动的角度呢？首先，你需要从 Arduino 的引脚向电动机发送一个脉冲序列，使其移动到特定的角度。（脉冲序列和方波有些类似，只是脉冲的形式不一样。）不同的电动机工作原理都是相似的，脉冲序列的占空比决定电动机转动的角度。Arduino 的团队为伺服电动机应用组建了一个库，它可以让我们同时控制 12 个伺服电动机。在第 24 章中，我们将用到这个库。记住，库就像是一个备忘录，这意味着 Arduino 已经设计了控制电动机工作的信号，我们要做的只是去配置参数。当换了一种电动机时，只用稍改参数即可。简而言之，可以把伺服电动机看成带有电位计的直流电动机，电位计可以向控制器反馈当前的位置信息。

Andrew 5.0 的话

对于读者来说，还需要知道的一点是伺服电动机的连线。一般来说，伺服电动机有三根连线，黑色接地，红色接电源，黄色、白色或者橙色接信号端。伺服电动机需要和 Arduino 共地，电源线另外与外部电源相连。（不要直接将电动机与 Arduino 的 5V 电源端连接，输出功率无法保证电动机的正常工作。）

图 23-1 展示两种不同尺寸的伺服电动机。它们的尺寸不一样，但是线的连接是一样的。

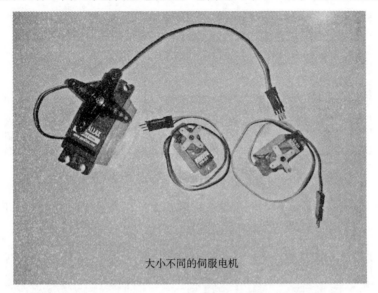

大小不同的伺服电机

图 23-1 一些大小不同，但是外部连线相同的伺服电动机

现在我们已经知道伺服电动机的含义和它的工作原理。这会有助于制作伺服电动机控制器，这样就可以帮助 Elle 和 Cade 了。下面看看是如何搭建实验电路的。

23.2 构建小发明 6

这个实验所用到的伺服电动机应该具有 "+" 形状的臂。臂与电动机之间使用螺丝相连。希望你已经仔细看看附录 A，并且买到了实验所需要的所有器件。

1. 首先，将电位计连插入无焊面包板（从 F-14 到 F-16），如图 23-2 所示。

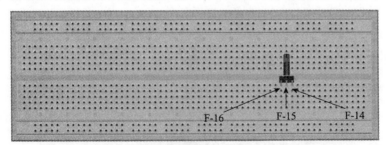

F-16   F-15   F-14

图 23-2 在无焊面包板安装 10kΩ 电位计

2. 下一步，在无焊面包板的 J-31 和 J-33 出安装接线盒，以便连接 9V 的电池线束（虽然现在你不会将该连接器与 9V 的电池相连，但是在第 24 章中，它会与 6V 的电源连接，向电动机供电）。确定面包板的哪一排作为电源端（红色连线），哪一排

作为地端（黑色连线）。如图 23-3 所示，红色连线在 33 排上，黑色线在 31 排上。

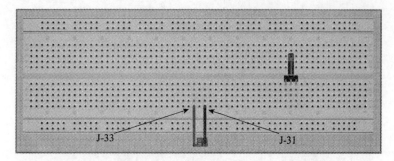

图 23-3　在面包板上安装接线盒

3. 现在向面包板上安装 LED；正极（长脚）连接在面包板的 B-35，负极（短脚）连接在 B-32。如图 23-4 所示。

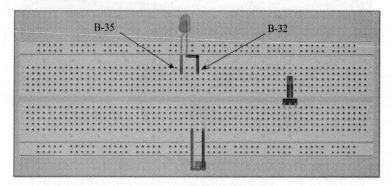

图 23-4　在面包板上安装 LED

4. 接下来将 3 引脚公头插头与电动机相连。只用简单地将它按入电动机连接线的终端即可。如图 23-5 所示。

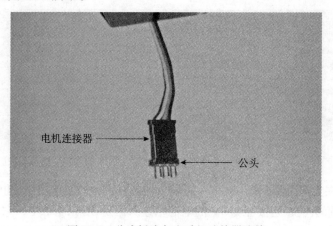

图 23-5　公头插头与电动机连接器连接

5. 现在将电动机与面包板相连。注意信号线（白色、黄色或者橙色）插入 A-52，
电源线（红色）插入 A-51，地线（黑色）插入 A-50。如图 23-6 所示。

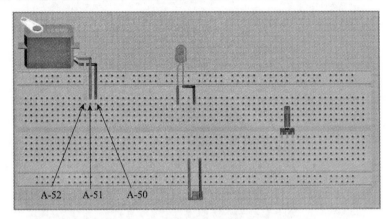

图 23-6　伺服电动机与面包板的连接

6. 现在用一根黑色的跳线将面包板一端的地和另一端相连，如图 23-7 所示。注意
已经将面包板两端的地相连，并用蓝色线标注。如果没有黑色的跳线，也可以使
用其他的线，但是要做好标记。

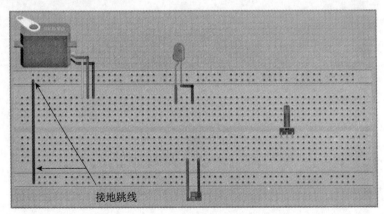

图 23-7　连接接地跳线

7. 在 Arduino 上连接 9V 连接器，如图 23-8 所示。

8. 使用跳线（黑色）将 Arduino 与面包板共地。注意在图 23-9 中，这根跳线与蓝
色的线的距离很短。如果你的面包板上没有蓝色的线，确保这根线与面包上连接
地的跳线之间的距离最短。

9. 现在连接每个器件的地。首先，使用跳线将电位计的地与面包板的地相连——线的
一端连接面包板的地，另一端插入 J-14。LED 的地则是一根线一端连接面包板的地，
另一端连接 C-32。电动机的地（黑色线）一端连接面包板的地，一端连接 B-50。最

后接线盒通过一根线一端连接面包板的地，一端连接 H-31。如图 12-10 所示。

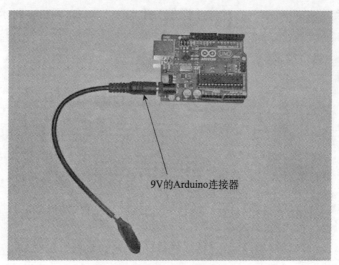

9V的Arduino连接器

图 23-8 将 Arduino 与 9V 连接器相连

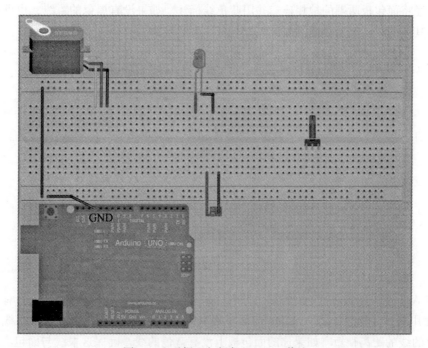

GND

图 23-9 无焊面包板与 Arduino 共地

10. 在面包板的 C-35 与 C-40 之间加入 330Ω 电阻，如图 23-11 所示。
11. 接下来，将接线盒的电源端（H-33）与伺服电动机的电源端（B-51）相连。使用红色的线，如图 23-12 所示。

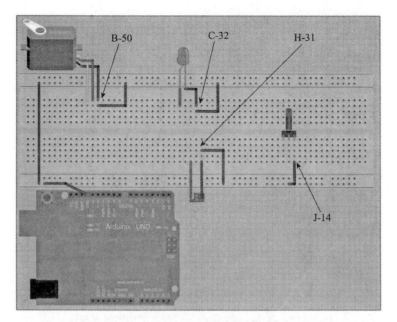

图 23-10　所有元器件地端的连接

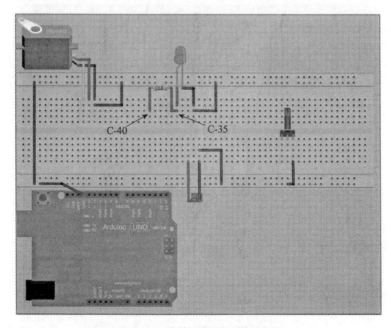

图 23-11　连接电阻到无焊面包板

12. 将 Arduino 的 5V 电源端与电位计通过跳线相连，即 Arduino 的 +5V 端口与面
    包板的 J-16 相连。虽然随便什么颜色的线都可以，但习惯以红色的线作为电源
    线。如图 23-13 所示。

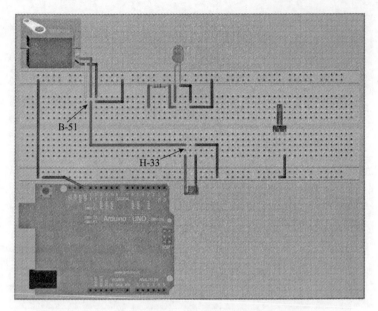

图 23-12　将接线盒的电源与伺服电动机的电源相连

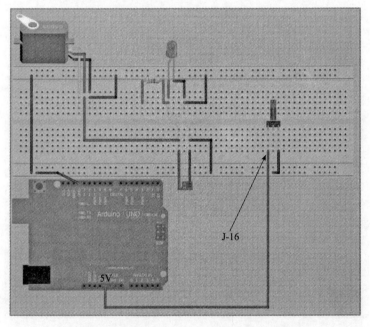

图 23-13　将 Arduino 的 5V 端口与电位计连接

13. 将 Arduino 的模拟信号引脚 0（A0）与电位计的滑动片相连，电位计中间的那个引脚，位于 J-15。在这里使用绿色的线连接。如图 23-14 所示。

14. 将 Arduino 的数字引脚 11（D11）与位于 B-52 的伺服电动机的信号端口连接。

这里同样使用绿色的线，如图 23-15 所示。

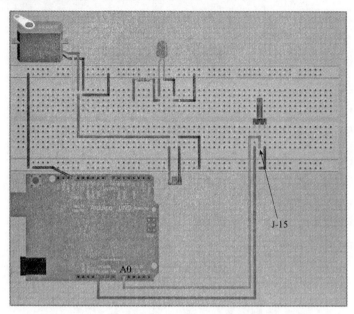

图 23-14 将电位计为 Arduino 的模拟引脚 0 连接

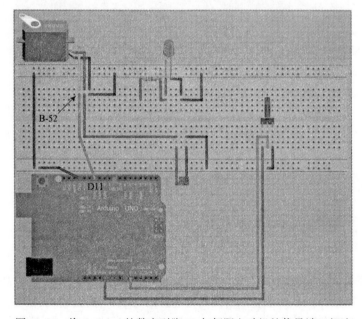

图 23-15 将 Arduino 的数字引脚 11 与伺服电动机的信号端口相连

15. 现在将 Arduino 的数字引脚 7（D7）与位于 E-40 的面包板上的电源连接。这里
还是用绿色的线，如图 23-16 所示。

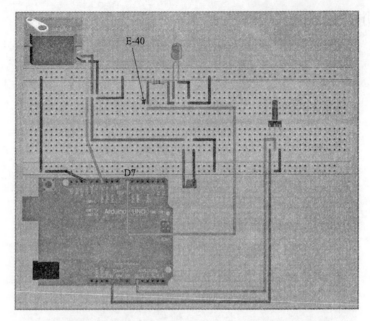

图 23-16　将 Arduino 的数字引脚 7 与 LED 的电阻相连

16. 这样挑战 6 的实验电路就已经完成了，图 23-17 描述了最终电路的连接。

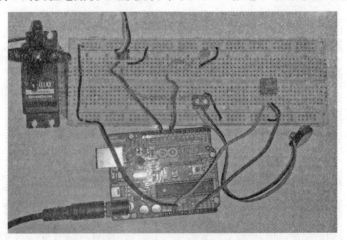

图 23-17　完成后的电路

你已经做好了一个伺服电动机控制器，这样就可以帮助 Elle 和 Cade 控制机器手臂。这看起来似乎有些复杂，但是如果花点时间检查电路的走线，你将会收获很多。每个器件必须接地，所以你会发现有很多黑色的线与面包板的地相连。尝试一下，你是否可以发现电源线。

现在先不要向 Arduino 和电动机供电。在上电之前，首先需要把程序载入 Arduino，连接 9V 电源之前，在第 24 章会讲到相应的程序部分。

挑战 6：检查软件

在挑战 6 的硬件电路中，用到了一个小的可以控制伺服电动机运转的控制器（由 Arduino 和一个电位计组成）。大多数 6V 的伺服电动机的工作原理都是一样的。换句话说，你可以使用一个小的电动机测试控制器是否可以正常工作。一旦验证其可以正常工作，接下来就需要换个较大的伺服电动机（当然，所需要的电源也可能需要更换）。

既然挑战 6 的实验电路已经搭建起来了，希望你已经完全掌握电路的走线。那么接下来的任务就是编写控制硬件运行的程序了。我们将会首先带你学习一个简短的程序，这个程序在你调节电动机转动到目标位置附近时，例如，30°，电路会出现警示消息。

程序甚至可以保存电动机的位置信息，可在下次运行时，重新恢复电动机的转动角度。但是现在，我只要求你掌握关于控制器控制电动机运行最基本的知识。

想想我们需要这个程序做些什么？首先，需要定义与 Arduino 的各种连接。这意味着需要一些变量保存 Arduino 引脚上的信息。

我们还要告诉你关于库的内容，更具体地说，是伺服电动机库，它可以提供大量的电动机控制语句，这样可以为你节省许多输入工作。这些库看起来像是一个关于命令的预编程集合。由于是预编程，所以程序的语句十分简短。

我们还想使用一个串行监视器来观测电动机实际转动的角度。（记住，串行监视器可以允许你从 Arduino 中读写数据。）如果我们总是从 0°开始，当试图接近第一个目标 30°时，慢慢地移动电位计，串行监视器会将转动的角度反馈到计算机屏幕。

我们需要增加一些程序代码，这些代码的目的是当转动距目标位置 5° 时，点亮 LED。换句话说，当目标角度为 30°时，如果转动的角度到达 30°～35°，那么 LED 将会点亮。这个精度已经可以满足我们的需要了，但是你自己还可以想一想如何进一步提高转动的精度。

别着急，后面我们会将程序拆开成几个部分，并详细讲解每一部分的作用。但是在我们了解复杂程序之前，还是先看看电动机库吧。

24.1 伺服电动机库

伺服电动机库可以允许你一次控制 12 台电动机。这里面有两个函数可以大大精简语句的数量，一个是 Servo.attach(pin)，另一个是 Servo.write(value)。把库看作一些简短程序的集合，在只需要程序中插入相应程序的名字和一些参数就可以使用了。

Andrew 5.0 的话

你可能对库还是有些迷惑，你可以这样理解：假设你正在为你的房子写一个说明书，并且把它保存在计算机中，命名为 DirectionsHouse.txt。当有人想向你要房子的说明书时，你可以再把说明书的内容键入一次，或者在 e-mail 中以添加附件的方式发送出去。库就类似于附件，你可以在你的程序中插入。这样你就不用重新编写了。

现在假设有一个名为 DIRECTIONS 的文件夹，里面包含三个文件——DirectionsHouse.txt，DirectionsSchool.txt 和 DirectionsMall.txt。你可以将把整个文件夹发送给你的朋友，根据他的需要，告诉他应该打开哪个。某种意义上，文件夹中的这三个文件就类似于程序中的函数：每个函数都有特定的功能，你根据任务去选择相应的函数。文件夹就是库，文件夹中的文件就是库中的函数。

在电动机库中还有其他函数，但是你在本实验中不会涉及。了解更多信息，请访问 http://arduino.cc/en/Reference/Servo。

但是如何使用 Arduino 的库呢？首先你要通过在程序首部添加语句 #include<Servo.h> 将库加载到程序中，这里指定的库是 <Servo.h>。使用这种语句，可以添加 Arduino 1.0 目录下的任何库文件。

接下来，你需要建立一个 servo 类的对象。把对象看作一个复制品。你并不是将你的原始文件夹发送给你的朋友，而是发送一个复制文件。在这里创建了一个 servo 对象，就可以通过它控制电动机的特性参数了。例如，你可以通过语句 myServo.attach(int pin) 语句声明 Arduino 的哪个引脚与电动机相连。这个过程类似于命名一个变量——首先键入库的名字（Servo），紧跟其后的是你想要使用的名字（如 myServo）。

下面的声明语句就表达创建一个对象实例：Servo myServo。假设你要对与 Arduino 引脚 11 相连的电动机加电。你可以添加 attach（pin）语句：myServo.attach（11）。下面是挑战 6 实验中使用到的两个库函数的实际工作：

Servo.attach(int pin) 语句告诉 Arduino 它的哪个引脚与电动机相连。你要做的事就是将电动机的信号线与选定的数字引脚相连，并在括号中分配相应的引脚号。例如，如果电动机和 Arduino 的引脚 11 相连，那么语句是 Servo.attach(11)。

Servo.write（int value）向电动机发送一个范围从 0 到 180 度的值。然后，电动机就会移动到指定角度。例如，如果你想要将电动机移动到 90 度位置，你可以使用语句 Servo.write(90)。

现在既然你已经对电动机库有了基本的认识，那么就开始在实际控制机器手臂的程序语句中加入这些库函数吧。

24.2 挑战 6 程序

在这个部分，我们将在程序中加入刚才学习的库函数，并使用 analogRead 函数，这个函数可以从电位计读数，这个函数曾在挑战 5 中使用过。只是这次需要将电位计的变化范围从 0～1024 改成 0～180，这样 Elle 和 Cade 就可以完全通过转动转盘来调节电动机的角度。代码清单 24-1 就是本实验用到的程序。

代码清单 24-1　挑战 6 实验程序

```
// 包含servo库
#include <Servo.h>
//建立一个servo类的实例
Servo myservo;
//建立项目引脚
int potpin = 0;
int LEDPin = 7;
int servoPin = 11;
// 项目引脚初始化
int potVal = 0;
int modVal = 0;
void setup()
{
// 将伺服电动机连接到Arduino的数字引脚11
myservo.attach(servoPin);
//开始串行通信
Serial.begin(9600);
}
void loop()
{
//读电位计值并将其数值存储在变量potVal 中
potVal = analogRead(potpin);
//将变量potVal的值映射为1到180
potVal = map(potVal, 0, 1023, 0, 180);
//将变量potVal写为伺服电动机的0～180度角
myservo.write(potVal);
//将potVal/30的余数存储到变量modVal
modVal = potVal % 30;
//如果变量modVal的值小于等于5，则点亮LED
if(modVal <= 5)
{
digitalWrite(LEDPin, HIGH);
}
//如果变量modVal的值大于5，则关闭LED
else
{
digitalWrite(LEDPin, LOW);
}
//串行监视器打印变量potVal以便调试
Serial.println(potVal);
```

```
    delay(15);
    }
```

以上是整个程序部分，我们先将程序拆分，分析每一部分的作用。

第一行语句说明我们将要使用的库。正如你知道的那样，#include<Servo.h> 这一行告诉 Arduino 程序将要使用电动机库中的函数。接下来的一行，Servo myservo 表示创建 servo 类的一个对象。

```
//包含servo库文件
#include <Servo.h>
//建立一个servo类的实例
Servo myservo;
```

接下来，对引脚和参数进行初始化：

```
//建立项目引脚
int potpin = 0;
int LEDPin = 7;
int servoPin = 11;
//项目引脚初始化
int potVal = 0;
int modVal = 0;
```

这里不使用 Arduino 的引脚数字——如数字引脚 7——而是创建其他与引脚数字等效的变量。例如，在这里创建变量 potpin 并赋值为 0。有了这个声明以后，我们在整个程序中就可以用 potpin 来代替引脚 0 了。LEDPin 变量也是同样的道理，这是它赋值为 7，代表数字引脚 7，servoPin 代表引脚 11。下面两条语句表示将变量 potVal 和 modVal 设定为 0。

接下来的一块代码是程序的设置结构：

```
void setup()
{
//将伺服电动机连接到Arduino的数字引脚11
myservo.attach(servoPin);
//开始串行通信
Serial.begin(9600);
}
```

这里将 Arduino 电动机与数字引脚 11 相连。这里用到了之前讲到过的 myservo.attach 函数，并且还加上了可以查看反馈结果的串行监视器。

现在来到了程序的主要部分：loop 循环结构。还是将它分为小部分逐个分析。这是第一段：

```
void loop()
{
//读电位计值并将其数值存储在变量potVal 中
potVal = analogRead(potpin);
//将变量potVal的值映射为1到180
potVal = map(potVal, 0, 1023, 0, 180);
//将变量potVal写为伺服电动机的0~180度角
myservo.write(potVal);
```

```
//将potVal/30的余数存储到变量modVal
modVal = potVal % 30;
```

当程序开始执行时，电位计的初始角度为 0（使用了 potpin 变量）。但是当电路上电以后，电位计初始位置并非一定是 0 度。不要着急，程序中的 analogRead 函数会首先确定电位计的位置，然后电动机会迅速转到与电位计匹配的角度。这并不是什么问题，因为如果电动机不在 0 度，那么就可以通过调节电位计将电动机恢复到 0 度。

👆 **注意**

你可以从 http://arduinoadventurer.com 上下载一个计量器，这样你就可以看见 0、30、60、90、120、150 和 180 度在什么位置。在 0 度的地方粘一个胶布，或者是滴一滴指甲油做个标记。

接下来使用上个实验中用到的 map 函数将 potVal 的变化范围设定为 0～180。电位计实际可以返回值的范围可以是 0～1023，但是我们并不需要这么宽的范围。我们只需要 0～180，所以用 map 函数将返回值的范围压缩到 0～180。

记住，loop 循环部分会不停地重复执行，直到关闭 Arduino 的电源或者是按下复位按钮。由于是重复循环执行，程序总是会检查电位计的位置。当第一次给电路供电时，如果设定的位置为 0（potpin=0），那么电动机将不会旋转，直到改变电位计的位置。

一旦开始调节电位计，它的位置信息就会保存在变量 potVal 中。电动机也会转动，因为 write 函数将会调用，并且函数的参量就是 potVal，程序语句为 myservo.write(potVal)。这里的 write 函数才是真正能使电动机旋转的语句。

记住，我们想让电动机指向特定角度（如 60°），所以创建了一个名为 modVal 的变量。modVal 变量是以取模符号（%）命名的；取模在编程中是一个非常有用的工具，因为它返回的是一个变量除以第二个变量所剩的余数。程序中使用语句 modVal=potVal % 30；即将 potVal 中保存的数据除以 30，然后将余数保存在 modVal 中。

假设我们转动了电位计，然后电动机指向 98° 的位置。这行代码将会用 98 除以 30，得到余数 8。那么 modVal 的值就为 8，并且这个余数可以帮助我们更好地调节电动机的旋转。下面的代码说明了这是如何做到的：

```
//如果变量modVal的值小于等于5，则点亮LED
if(modVal <= 5)
{
digitalWrite(LEDPin, HIGH);
}
//如果变量modVal的值大于5，则关闭LED
else
{
digitalWrite(LEDPin, LOW);
}
//串行监视器打印变量potVal以便调试
Serial.println(potVal);
```

```
delay(15);
}
```

这里用到了 if-else 结构。如果 modVal 中保存的值小于或等于 5，我们就认为电动机到达目标位置。记住，当我们说目标角度为 30°时，意思是 30°～35°都可以接受。所以当电动机到达 34°时，modVal 中的值为 4（34 模 30 的值为 4）。4 小于 5，所以语句 digitalWrite（LEDPin，HIGH）将会执行，LED 将会点亮，然后就知道电动机已经到达目标位置。

如果转动电位计使电动机恰好处在 29°，会发生什么呢？29 除以 30 余数为 29，29 大于 5，所以 else 部分将会执行，语句 digitalWrite（LEDPin，LOW）会使 LED 处于关闭状态，这告诉我们仍然需要拧电位计以更加靠近 30°。（60、90、120、150 和 180 度时与此类似。）

最后，将存储在变量 potVal 中的数据发送给串行监视器，就可以通过计算机屏幕掌握电动机的位置了。delay（15）代表在进行下一次循环读取电位计的位置之前会有一个短暂的延时（15ms）。这个延迟时间允许控制器可以有时间处理其他事物（比如，从传感器中读数据，或向串行监视器中写数据）。

24.3　解决挑战 6 中的问题

首先将代码清单 24-1 中的程序载入 Arduino，然后将 9V 的电池与 Arduino 相连，6V 的电池座与其他电源连接器连接，如图 24-1 所示。在连好 Arduino 和电动机的电源之后，你的实验就开始运行了。将电位计向右转动，电动机应该也会发生转动，除非电位计已经到最右的位置。现在你需要做的就是调节电位计，使电动机到达以下角度（每个角度都可以允许有 5 度的偏差）：0、30、60、90、120、150 和 180。当到达指定角度时，LED 应该会点亮。如果你在实验中遇到什么问题，可以使用串行监视器跟踪电动机的角度位置。图 24-2 表示跟踪的反馈结果。图 24-3 为完成后的实验电路。

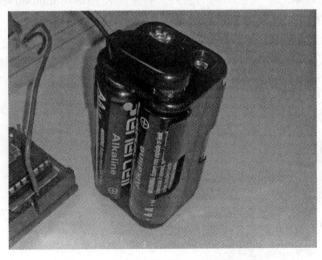

图 24-1　9V 的连接器与电动机电源连接

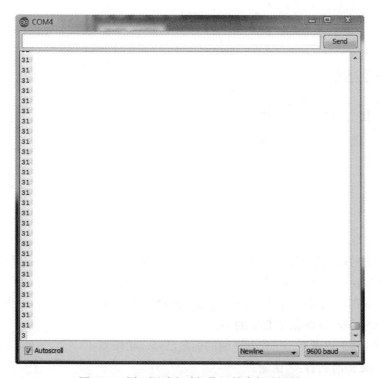

图 24-2　用于调试电动机位置的串行监视器

图 24-3　挑战 6 的最终实验电路

　　恭喜！现在你已经完成了控制电动机转动的电路。Cade 和 Elle 已经接通了太空梭站的电源。他们离逃离双子座工作站更近了一步。

第25章

按 下 按 钮

在一个不大的透明房间内，Elle 和 Cade 很吃惊地看到一些散落的工具从一个工作站的一侧旋转着漂浮到工作站的另一侧。重新连接各种电源和禁用安全开关。他们用控制单元成功地使工具站底部的伺服电动机以 30° 的增量转动起来。这是一个值得欢呼的时刻，最后的开关推上去的时候 Cade 拍了 Elle 的手。

Andrew 说："干得漂亮，工作站里面的能量已经成功恢复。"

Cade 和 Elle 同时回答："谢谢。"

Andrew 接着说："该登机了。我刚刚察觉 Canvin 在第 3 层，我相信这会儿他已经到达第 4 层了。你们得加快速度了。当你们走的时候我会通过对航天飞机的控制来指示你们，你们只需要按墙上的紧急标示箭头的方向走；我已经设定那些箭头引导你们到第 11 层的太空梭舱。"

25.1 备份计划

Cade 点头示意两个工具箱和一个笔记本袋子，问："需要拿着我们自己的东西吗？"

Andrew 回答："带上吧，以防万一。"

Cade 头朝工程室的反面方向，那里有一个很大的红色箭头在地板上不定地闪烁，"我们走吧！"

Elle 斜挎着笔记本包，还拿着工具箱说："Andrew，我们登上航天飞机后，Gunther 会不会有什么事？"

"一旦你们安全离开，我就会告诉他哪里可以找到一个可以提供热和氧的宇航服。这样他会有足够的时间等待援救小组的到来。"

Elle 跟着 Cade 出了那个门到达另外一条走廊，问："但是如果他们迟到了怎么办？或者是他们可能因为一些麻烦不能及时到达那个地点？"

Andrew 回答："老实说，Elle，他确实会有耗尽氧气的危险，那时他也不可能有时间时更换宇航服，但是，我将会尽我最大的努力帮助他转移到工作站里面最安全的部分。这也是我尽最大努力能做到的事了。"

Elle 摇头说："我觉得这样做不妥。也许我们可以告诉他我们在飞船上，然后给他一点时间到达飞船和我们一起离开。"

"Elle，这样做太危险了。"Andrew 接着说，"我不清楚 Canvin 的意图，但是他未经允许进入工作站，另外他目前控制了一些珍贵的古董设备。我没法确认他对你们是安全的。"

Elle 回答："好吧，Andrew，有一些事请还是必须得去做，我不想让他因缺氧或者寒冷而死。"

"Elle，我明白你的顾虑，但是……"

Elle 打断 Andrew 说："我不会遗弃他的，如果 Cade 和我在航天飞机上，他也会在，Andrew，不要再争了！"

25.2　控制中心

Cade 一直听着他们的交谈，他相信 Elle 是对的。他不赞成将任何人遗弃于存在生命威胁的环境中，即使是一名小偷。他停了下来，脸转向 Elle，说："也许我们不需要被迫让他置身于危险之中。"

Elle 很困惑地看着 Cade，"我们带着他一起，是吗？"

Cade 摇头说："不可能，我答应过 Andrew……我一点也不相信那个家伙。"

"那我们应该怎么办？"Elle 问。

"Andrew，我们是否能够恢复生命支持系统？这有可能吗？"

Andrew 迟疑了一下回答："可以，不过这需要你们两个到达第 12 层的控制中心。但是 Canvin 也会很快达到这一层，我认为你们的时间可能不够。"

Elle 说："好吧，如果他能够在我们之前离开工作站，我们至少还有生命供给。"

"但是，Elle，工作站依然很危险。工作站有很多小规模火灾，我也无法预测工作站进一步的损坏对生命支持系统有何影响。船体存在缺口会导致真空和氧气的损失，也有可能存在其他的……"

"我们将要去控制中心，对吗？ Andrew。"Elle 看着 Cade 说。

Cade 笑道："听起来不错。"

25.3　疯狂的计划

Cade 叹了口气背靠在控制中心的一块控制面板上。"这也太疯狂了，你告诉我们可以重新激活生命支持系统，但是在恢复的过程中，Gunther 会不会发现还有其他人也在工作站上？"

Andrew 回答："Cade，你说的没错。工作站的信息都会广播到所有的交流频道上。

Canvin 非常聪明，他知道我们在控制中心所做的一切，这可以被其他用户人为地重新改写。"

Elle 说："所以我们激活系统，然后必须以最快的速度赶到航天飞机上。他现在在哪？"

"他刚刚在第 6 层的时候触发了运动传感器。"

Cade 说："所以，他必须上 5 层才能到达那个太空梭舱，而我们只需要上 1 层就可以了。Andrew，我们遥遥领先呀！"

"是的，但是你们需要时间来发射太空梭舱。如果你们沿途或者在航天飞机上遇到问题怎么办？他还是依然可以在你们发射之前到达航天飞机。"

Elle 说："太失望了，难道就不能做一些事情让他慢一点吗？也许可以关掉一些他必须经过的门。"

Andrew 回答："这是个很不错的主意，你们可以直接使用位于控制中心角落的那个房间里面的应急管道到达航天飞机。"

Elle 和 Cade 转过身并凝视着他们身后的应急管道。他们看见一个梯子，从天花板延伸到地板上的开口位置。

Cade 说："所以，那就把他锁住。"

Andrew 说："这需要你们去按工作站左边的一个手动控制按钮，但是这个按钮会关闭工作站里面所有的门，包括紧急管道的门，它将在不到一秒钟的时间里关闭并且锁住。"

Elle 说："那意味着我们可以关掉所有的门，但是也会把我们自己锁在控制中心里面！"

Andrew 回答："没错。"

Elle 说："Cade，你是对的，这个计划太疯狂了，我们已经走了这么远了，已经很接近航天飞机了，但是我们唯一的解决方法是困住我们自己，不会吧？"

Cade 拉着 Elle 的手臂，说："赶紧的，Elle。你赶紧到航天飞机上。我留下来按那个按钮。"

Elle 推开了他，"没门！你离开……我留下。"

"Elle，别磨蹭了！我会保证自己的安全。你离开这里，让援救小组知道我被锁在这里。"

"但是如果 Gunther 找到方法可以超控那个门锁，然后又发现他的航天飞机不见了怎么办？他会对任何留在工作站上的人不利的。"

"好吧，我们注定有一个必须留下来，"Cade 傻笑着说，"你是想投硬币决定吗？"

Elle 说："你有硬币吗？"

Cade 回答："我们可以旋转一个电池来决定。我们有很多电池，电池指向谁谁就留下来，怎么样？"

Elle 迟疑了一会儿，说："好的，就这样定了。"

Cade 从他的工具箱中掏出一节电池。

这时候，Andrew 说："Elle，Cade，我有一个解决方法，但是你们需要抓紧时间了。有没有看到放在控制面板上一侧的一个手电筒？拿上它并保证它能正常工作。"

25.4 手电筒

Cade 拿下在控制面板一侧的那个手电筒，滑动电源开关。手电筒立即打开了。"可以用！"

Elle 笑着说："好了，我们已经有了一个能用的手电筒，但它有什么用呢？"

"我要去组装一个设备能够帮你们按那个按钮。"

Cade 咧开嘴笑着说："好样的！我们可以编个程序控制它，让它等待几秒钟好让我们可以进入那个应急管道！"

Elle 笑脸迎向他的伙伴说："不需要太长时间……或许 10 至 20 秒延时就可以了？"

Andrew 说："利用时间延时太危险了，如果那个关于时间延时的程序里面出现任何错误，那个锁就会在你们进入管道之前关闭。"

Cade 说："所以，不需要定时器，那我们要利用什么去触控那个按钮？"

Andrew 回答："一个很简单的光敏电阻就可以了，Elle，打开你的笔记本计算机，然后准备一段程序（我会发给你的）。Cade，打开你的工具箱，从里面找到出以下东西……"

Andrew 开始列出一个元器件的清单以便 Cade 可以迅速找到。与此同时，Elle 打开笔记本计算机，然后等待 Andrew 指导 Cade 将硬件组装好。

Cade 微笑着观察 Elle 说："我很想看到 Gunther 被锁住时是什么表情。"

Elle 说："我也是。但是我更乐意看到太空舱里面的情形。"

Cade 点头回答："是呀！Andrew，我搞定了……接来怎么做？"

第26章

挑战 7：了解有趣的东西

你可能对远程控制已经有了一定的了解。大家都知道通过远程控制，坐在沙发上就可以随意变换电视频道！有些人甚至使用远程控制设备引导遥控小车在房间里面兜圈，甚至有些人有机会使用手持遥控器控制遥控模型飞机或者直升机。这些都是可以不与物体发生直接接触即可控制目标物的例子。

好了，Cade 和 Elle 发现现在他们的处境并不乐观，他们也需要远程控制目标。为了安全地到达应急通道，从而最终到达太空梭舱，他们需要按一个正确的按钮来关闭和打开所有的门。唯一的问题是所有的门关闭的速度都很快，他们没有足够的时间到达那个管道！这也就是他们需要设计一个小发明来帮他们按下那个按钮的原因。

Arduino 开发板本身可以做很多东西，但是只有连接了附加器件后你才会看到这块板真正的强大之处，如电动机、蜂鸣器，甚至一些复杂的电子元件。在本次挑战中，可以加入一个简单的电动机，然后对 Arduino 进行编程，在计数到 10 或 20 的时候才触发电动机。在电动机轴的位置用胶带或者胶水粘上一根冰棍棒来代替手指（接触按钮）。安放好电动机，运行程序，10 或 20 秒过后电动机就会转动，"手指"就会按下那个按钮。

虽然电动机缠上冰棒棍的方法是一个不错的方案，但是也有一些缺点。假如 Cade 和 Elle 跑向那个门的时候摔倒了怎么办？如果倒计时结束，那么那个门将会在他们站起来准备跑完剩下的距离的时候关闭。还有假如他们需要门必须在他们进入应急管道后马上关闭呢？或者假如在倒计时结束之前有突发状况呢？

我们在这里可以做的是增加一个元件来允许 Elle 和 Cade 决定何时触发这个电动机。一个声音传感器可以解决问题，但是一些大的噪声（如 Cade 合上他的工具箱的声音）也许也会很快触发这个电动机。

使用某些光电传感器如何？是否可以使用一个特殊的传感器，可以探测到照在它上面的光，然后又可以探测到这个光何时关闭？或者反过来也可以？要不可以使这个传感器探测这个房间正常亮度的光，然后在光突然变亮——也许可以用手电筒照它的时候触发电动机转动。

这样也许就可以了！这也是在挑战 7 中真正想测试的。

是的，通过给 Cade 和 Elle 一个小发明，也就是当这个特殊的传感器触发电动机的时候按下那个按钮，可以给他们足够的时间在锁住整个工作站之前安全穿过这个房间进入应急通道。

26.1　了解小发明 7

翻到附录 A，确保你已收集齐挑战 7 用到的所有元件。在挑战 7 的元件清单中，你可以看到一个新的元件叫做光敏电阻。这就是刚才说的那个神秘的可以探测光的传感器。

图 26-1 是用来装配挑战 7 的小发明的光敏电阻和其他元件。

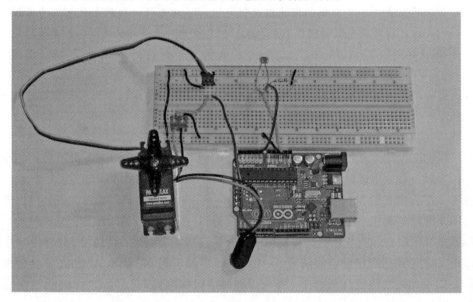

图 26-1　挑战 7 的小发明——光敏电阻伸直两个引脚安插在面包板的顶部

除了增加光敏电阻，你还必须增添一个伺服电动机。为什么是伺服电动机而不是普通的电动机呢？使用伺服电动机可以控制电动机的旋转周期，就是可以让它以一个精确的角度旋转。这个在模拟手指按下按钮的运动时非常有用。在这里可能也可以使用一个标准的直流电动机，但可能有一个担忧，那就是电动机转得过快。当然，如果你喜欢，还可以放任直流电动机转得过快，但是，这将需要对硬件和软件进行一些额外的测试还有修正，这将在第 27 和第 28 章介绍。

图 26-1 中的电路图是不是看起来很简单？一台电动机、一个接线盒、光敏电阻、一块 Arduino Uno 和一块无焊面包板，加上一束跳线。除了光敏电阻你已经对所有的这些模块都很熟悉了，接下来检查一下接线。

首先拿起你的光敏电阻，然后仔细观察它。第一件事你有可能意识到的就是它的两个引脚看起来和普通的电阻很像。它的名字里面有“电阻”也是因此而得名的，所以你有理由怀疑它的工作原理是否和普通电阻相似。

它阻碍电子流的行为表现与标准电阻器类似。当处于遮光状态时，光敏电阻处于高阻态，但是，当电阻受光照射时，光敏电阻电阻值下降，以使电压更多地降落在 Arduino 或者其他微处理器。这是一个很酷的小元件，可以以这样的一种方式嵌入小发明中，即在光照射到其表面之前，流过电阻的电流很小。

Andrew 5.0 的话

也许读者希望得到光敏电阻更详细的信息。在 LadyAda 的教程里面可找到这些资料，详情请登录：http://learn.adafruit.com/photocells。

在页面的左边是一些阐述如何使用光敏电阻和一些额外会用到光敏电阻的工程的链接。（LadyAda 教程涉及光敏电阻作为光电池，但是这两种术语指的是同一种类型的元件。）

顺便说一下，Limor Fried(LadyAda) 是 AdaFruit 公司的拥有者之一。其网址，adafruit.com，为电子爱好者提供了巨大的资源库和特殊项目。请确保输入正确的网址，点击游客选项可以看到 100 多个非常详细的项目资料。里面有很多内容非常适合读者阅读，因为它们都是 Arduino 的入门技巧。

如果我们已经知道光敏电阻是如何工作的，那能不能想出个法子把它用在我们的小发明之中，用来触发伺服电动机呢？那当然可以了！

思考一下。当光照在光敏电阻上时，Arduino 可以探测到更高的电压。我们可以连上一个小发明来驱动电动机——但是仅当 Arduino 探测到一定的电压值时才让电动机转动。有一种选择就是让 Arduino 的一个引脚（模拟输入）来连接光敏电阻，用 Arduino 来测量引脚上的电压值（是否到达程序设定的阈值）。如果电压值低于阈值，那么 Arduino 不会触发伺服电动机。但是如果电压值高于阈值（意味着光敏电阻探测到光），那么 Arduino 会触发伺服电动机旋转！

很简单的！

Andrew 5.0 的话

如果你仔细考虑，我们就可以针对这个小发明作出两种变化。例如：

第一种变化就是给这个小发明通电后，等待光敏电阻探测到手电筒的光照射在它表面。如果有光照射，那么伺服电动机就开始转动了。

第二种变化在给这个小发明通电的时候，手电筒的光一直照射在光敏电阻表面。对于这种工作方式，要设计一种电路让电动机在关掉光的时候开始转动。当光关掉时，Arduino 探测到在作为检测用的模拟输入引脚（这个引脚连接到光敏电阻上）的电压值下降，然后就触发电动机转动。

你是否也认为这个方法也是个很好的选择？

正如 Andrew 所描述的那样，使用两种不同的方式可以建立这样一个小发明。我们可以

使用这样的一个方式，也就是当 Elle 和 Cade 在应急管道中把光照射在一个光敏电阻上或者使用另一个方式，当他们走向应急管道的时候把光照射在光敏电阻上，而在他们走进去之后把光关了。

第一种选择看起来是最安全的——它允许 Cade 和 Elle 进入那个应急管道，然后，当他们准备好之后，打开手电筒让光束照在光敏电阻上。

第二种选择也可以，但是很危险——假如 Cade 和 Elle 意外地被碰撞到，以至于手电筒的光束离开光敏电阻怎么办？这样就会过早地触发电动机，难道不是吗？另外这里也有一个危险，那就是有可能手电筒的电池会在不恰当的时刻"抛锚"。

是呀，我们同意你的观点。那么选择第一种方案，让 Cade 和 Elle 在用手电筒触发光敏电阻之前进入那个应急管道。

26.2 准备好了吗?

我们希望读者能够考虑给自己的小发明提出一些想法。你们现在已经在工具箱中找到所有的元器件了，你们也已经学习了如何完整地让它们配合使用 Arduino 构建成一个电路。

电阻、伺服和直流电动机、LED、蜂鸣器、电位计、按钮、温度传感器和现在的光敏电阻……你已经拥有足够的元件来构建一些很有趣的电路了！嘿，你甚至可能有足够的零件和知识来构建可以自己操作的一些东西，用来打动你的家人或朋友，这也可以作为一个测试你对 Arduino 掌握程度的很好的例子！

好了，首先来回顾一下挑战 7。当 Cade 和 Elle 还在太空梭舱时，唯一要做的就是接他们离开工作站到航天飞机上。这样一来，他们需要限制住 Gunther Canvin，并让工作站的生命支持系统恢复。所以，通过构建挑战 7 中的小发明来帮他们离开，我们需要按那个按钮来使得工作站的所有门都关闭。

开始行动了！

第27章

挑战 7：检查硬件

好了，是时候面对另一个挑战了。你可以回想在开始阅读这本书的时候，你是如何感觉你所面对的这 8 个挑战的？你会紧张吗？你是否认为 Arduino 对于你来说太过复杂？或者你是否感到很兴奋，很渴望进步？

无论你是如何看待这些经历的，我们想要你知道你已经小有所成，这是多么令人欣慰啊！你已经学习了很多，但你还必须完成构建并对挑战 7 中的小发明进行编程，同时也包括后面会介绍的超级酷并会给你留下深刻印象的挑战 8。

我们之前谈过关于如何解决问题……如何看待软硬件的需求。我们希望你已经开始有自己的方法来检查问题和思考解决这个问题需要涉及什么样的东西。不要怀疑自己——你已经学有所成，你已经吸收了许多可以应用于这些小发明的技术和知识，你可以自己来构建这些小发明……而且很快！

但话说回来，让我们来探讨 Arduino 开发板和你已经储存在脑海里面的电子知识。你是否在担心会忘记其中的一些知识？好吧，其实我们一直会忘记零碎的东西！这时常会发生，但我们有很好的消息告诉你。

在学校中，因为你经常接受测试，所以你不得不记住大量的信息。（例如，《大宪法》是哪一年签订的？古希腊建筑的三大柱式是什么？。）如果你们的老师不跟我们一样，他们不经常开卷考试。我们需要去背诵、背诵、再背诵。但是，对于电子和 Arduino 知识，我们鼓励经常使用手边的参考书。事实上，在我们自己的小图书馆里可以找到合适的参考书。James 拥有很多电子类的参考书，而 Harold 有更多。

我们试着要表达的意思就是，无论你需要什么样的信息，你只需要知道哪里可以找到就可以了。因特网是一个很好的资源宝库。打开 Google 搜索页面，然后键入你所需要解决的问题，你就可以查询获得许多相关的资料。还有，当然，Arduino 有一些论坛，在那里初学者可以搜寻到一些解决方案，如果没有搜到，可以发个求助帖等其他人来回答。

这种方式同样适用于参考书。我们在购书的网站 arduinoadventurer.com（当然还有其他一些网址）上提供了一系列强大的 Arduino 和电子类参考书。通常，你们只需要快速看书的目录去确定有你需要答案的书的页码！

据我们所知，你应该也知道，这里也有一些建议，那就是不要闭门造车。如果你需要解决如何驱动一个简单的蜂鸣器，看看别人是如何解决的，他们是如何实现他们的电路的。你可能发现了很多种方法，但是其中的一种会正是你所寻找的，因为他们所用的器件和你所收集的元器件是一样的。

说到你收集的元器件，你需要增加一个崭新的元器件——光敏电阻。光敏电阻有很多很有趣的应用，你将构建的小发明也是使用它的一个很好的例子。

现在，Cade 和 Elle 需要在所有门关闭和锁住之前到达应急管道。为了做这件事，他们会使用一个小发明，一旦触发可以来按一个按钮。还有他们是通过一个简单的手电筒来触发这个小发明的！让我们来看看这个小发明是如何允许 Cade 和 Elle 远程触发这个按钮并且让他们进入那个应急管道而不被困住的。

27.1　光敏电阻详解

第 26 章阐述了当探测到一定强度的光照射在光敏电阻表面的时候，流经光敏电阻的电流变大。现在回头来看看光敏电阻，是否看到在其表面有一些波浪线？这些线是对光敏感的（它们对光线有反应）。当光照射到光敏电阻表面的时候，那些线有反应就会有更大的电流流过（触发电压降低）。

我们使用光敏电阻的方法就是使用 Arduino 开发板连接开发板其中一个模拟输入引脚。这个模拟输入引脚无法自己探测电阻值，但它可以通过一定的配置来探测电压。这正是我们想要的！光敏电阻是基于光电导效应的。这意味着当更多的光照射在光敏电阻上时就会使电导率增加，这就转变成更大的电流并产生更大的电压加载在 10Ω 的电阻上，这个电压的变化会被 Arduino 的模拟输入引脚读取。简要说来，可以增加一段代码主要表达"电压值是否提高？如果是，那么就执行代码来控制伺服电动机！"

如图 27-1 所示。这个光敏电阻看起来必须像你手上拿的光敏电阻一样。它有两根引脚（像是一个标准的电阻）这毫不影响你将它插入面包板中。不像 LED（有一长一短的引脚），你可以插入这个光敏电阻而不需要考虑哪根金属引脚接地，哪根引脚连接 Arduino 的模拟输入引脚。

光敏电阻

图 27-1　挑战 7 中用到的光敏电阻

其他元器件你已经很熟悉了——一个伺服电动机、双位接线盒、跳线、电阻、9V 蓄电池插座和 Arduino。现在需要的就是按照下面的说明来构建这个小发明，还等什么，现在就开始吧！

27.2 构建小发明 7

再一次声明，核查一下附录 A，确保你已经拿到构建这个小发明要用到的所有东西。如果你很满意觉得可以开始组装了，那么就准备开始吧！

1.首先，如图 27-2 阐述的操作，在无焊面包板的 J-25 和 J-28 两个位置插上光敏电阻。

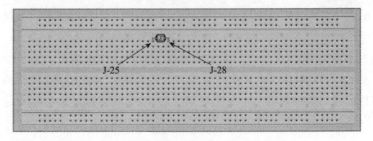

图 27-2 将光敏电阻安插在无焊面包板上

2.下一步，如图 27-3 所示，给伺服电动机安装一个 3 引脚插头。

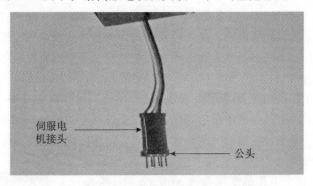

图 27-3 给伺服电动机安装一个 3 引脚插头

3.现在，如图 27-4 所示，将伺服电动机连接到面包板的 J-12 到 J-14，在这里 J-12 表示伺服电动机接地（黑色线）。

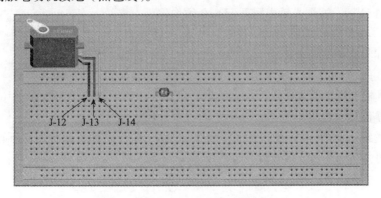

图 27-4 将伺服电动机按在面包板上

4. 如图 27-5 所示，将蓄电池的电线接入双位接线盒的两个卡槽之中（可以参考一下图 27-6，看看是如何操作的）。还有，确保 +6V 的跳线连接在面包板上红色的那一排，接地的跳线连接在面包板上黑色的那一排。

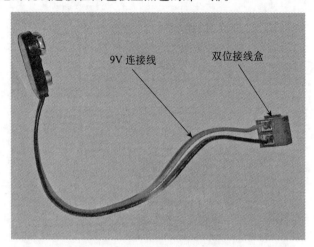

图 27-5　9V 蓄电池的电线接入双位接线盒的两个卡槽之中

5. 如图 27-6 所示，将双位接线盒接入面包板之中。电源（红线）必须连接到图上 A-5 位置，而地（黑线）必须连接到图上的 A-7 位置。

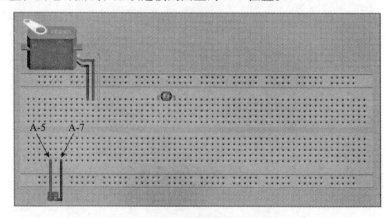

图 27-6　双位接线盒接入面包板

6. 如图 27-7 所示，从 Arduino 的 +5V 引脚上接出一条跳线接入面包板的 I-25 的位置。（这里虽然用了一条红线，但是其实任何一种颜色的线都可以。）

7. 如图 27-8 所示，在面包板上的 I-28 和 I-34 之间加入一个阻值为 10kΩ（10 000Ω）的电阻。

8. 如图 27-9 所示，从 Arduino 的 GND 引脚上接出一条跳线（使接入用黑色线）面包板的地区域（与蓝线在纵向平行）。

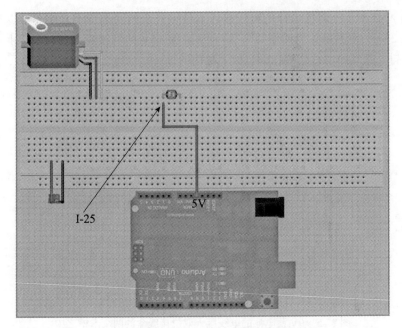

图 27-7　Arduino 的 +5V 引脚连接光敏电阻

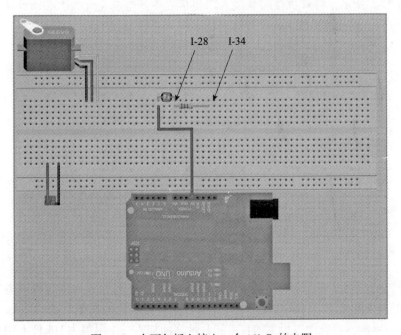

图 27-8　在面包板上接入一个 10kΩ 的电阻

9. 如图 27-10 所示，使用一条纵向的跳线（与面包板上另一边的蓝线平行）连接面包板的上下两个地区域。

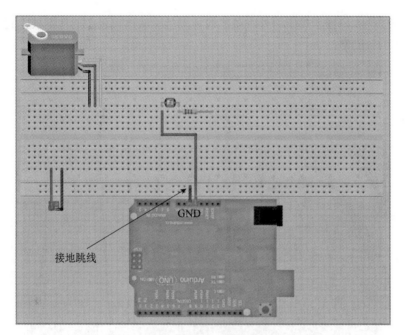

图 27-9　Arduino 的 GND 与面包板的地区域相连

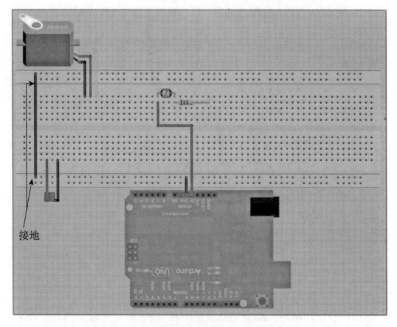

图 27-10　连接面包板上的上下两个地区域

10. 如图 27-11 所示，从面包板上的地区域接出一条跳线（使用黑线）连到面包板
上的 D-7 位置。从面包板上的另外一个地区域接出一条跳线（黑色）连到面包

板上的 J-34 位置。接出另外一条跳线（黑色）从面包板上的地区域连到面包板上的 I-12 位置。

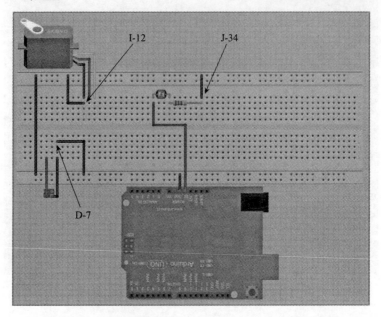

图 27-11　连接伺服电动机、双位接线盒和 10kΩ 电阻的地

11. 接下来，如图 27-12 所示，使用一条跳线（使用红线）将面包板上的 D-5 与 F-13 两个位置相连。

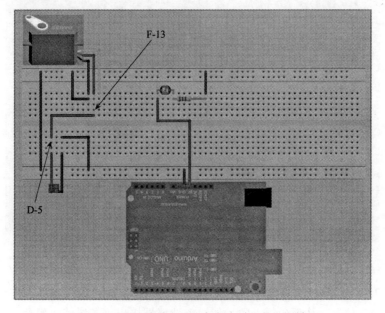

图 27-12　连接蓄电池和伺服电动机的电源端

12. 如图 27-13 所示，使用一根跳线（使用绿线）将 Arduino 的模拟信号引脚 0（A0）
    与面包板的 H-28 相连。

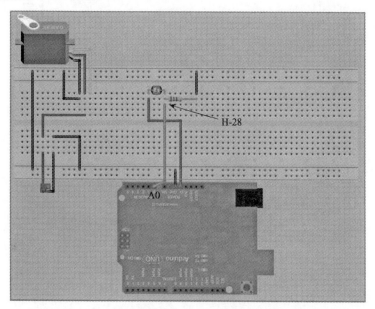

图 27-13 Arduino 的模拟输入引脚 A0 接到光敏电阻引脚上

13. 如图 27-14 所示，使用另外一根跳线（使用绿线）将 Arduino 的数字引脚 3（D3）
    与面包板的 G-14 相连。

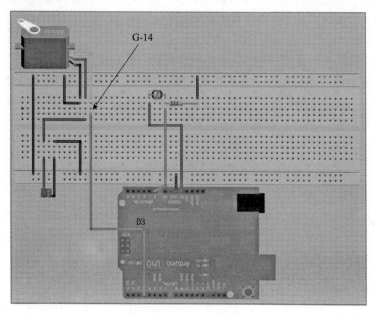

图 27-14 将 Arduino 的数字引脚 3 与伺服电动机的信号引脚相连

14. 整个小发明的设计（不包含蓄电池或者 USB 供电部分）如图 27-15 所示。

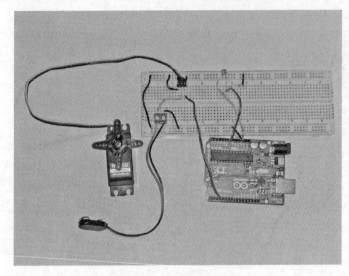

图 27-15　挑战 7 小发明的最终实物图

搞定了！

我们来快速整理一下。当把程序下载到 Arduino 上时，我们会加入一个 6V 的电池组给伺服电动机供电。当 Arduino 从光敏电阻上探测到一定的电压值后会触发电动机转动一定的角度。仔细观察这个电路，你会注意到光敏电阻是如何接入的——是基于 Arduino 上的两个引脚。一个引脚是连接 Arduino 的模拟输入引脚，这样 Arduino 可以探测到光敏电阻的电压值；另外一个引脚接地。如果一束足够亮的光照在光敏电阻上，电路中的电流就会增大，然后 Arduino 的引脚 A0 就可以探测到电压的增大了！

但是，就这样这个小发明还不能正常工作！就你目前所知，硬件部分只是解决了一半问题。我们还要仔细看一下可以使小发明正常工作的程序。因此，到第 28 章来学习程序是如何帮 Cade 和 Elle 触发伺服电动机以使 Gunther Canvin 可以安全地被隔离在工作站上的，这样他们就可以离开了！

挑战 7：检查软件

现在已进入挑战 7 的编程部分了。你现在需要去给小发明上传一段程序来帮助 Cade 和 Elle 化险为夷，就是恢复双子座工作站的生命支持系统，并关闭所有的门来限制 Canvin。你们已经意识到这个小发明里面有一个关键的元件——伺服电动机。有可能你已经非常熟悉如何编程（包括使用第 24 章所述的伺服电动机库），而这里只有一个需要考虑的程序中的新硬件——光敏电阻。

我们将和在先前章节里面使用的电位计一样使用光敏电阻；将使用 analogRead 函数去读取当光敏电阻探测到的或者"感觉到"的电压值。由于本章不需要解释其他函数和库，我们就直接进入挑战 7 小发明中的代码清单。

28.1 挑战 7 程序

我们将对光敏电阻使用 analogRead 函数和对伺服电动机使用伺服库，这可以让我们按到那个按钮来恢复双子座工作站的生命支持系统，并关闭所有门以限制 Canvin。代码清单 28-1 就是挑战 7 的程序。你可以将其复制粘贴到 Arduino IDE，也可以自己手动输入。接下来，将程序分段讨论。

代码清单 28-1 利用灯光控制伺服电动机

```
//包含了伺服电动机库文件，所以程序里面可以直接调用
#include<Servo.h>
//声明一个Servo类型的实体
Servo myServo;
//初始化光敏电阻的引脚
int photoPin = 0;
int servoPin = 3;
//定义一个变量来存储光敏电阻的值
int photoVal = 0;
int lightLimit = 900;
void setup()
```

```
{
//伺服电动机与Arduino的数字引脚3相连
myServo.attach(servoPin);
//开始串行通信
Serial.begin(9600);
//设置伺服电动机在0°的位置
myServo.write(0);
}
void loop()
{
//设置photoVal为模拟输入引脚0的值
photoVal = analogRead(photoPin);
//如果光敏电阻读到的值是900或更高
//设置伺服电动机在0°的位置
//等待一秒，然后设置
//伺服电动机在70°位置，然后等待半秒返回
//伺服电动机回到0°的位置
if(photoVal >= lightLimit)
 {
     myServo.write(0);
     delay(1000);
     myServo.write(70);
     delay(500);
     myServo.write(0);
     delay(500);
 }
 else
 {
 //不需要有任何操作或者可以在这里添加自己的程序
 }
//将photoVal值从串口输出作为调试
Serial.println(photoVal);

delay(500);
}
```

这个程序开始是伺服电动机的库文件：

```
#include<Servo.h>
```

#include<Servo.h> 命令允许在整个程序中都可以调用伺服电动机的库文件，但是首先必须创建一个 Servo 类的实体，这就是下面一行函数的作用：

```
Servo myServo;
```

在挑战 6 小发明中也用到过这个，还记得吗？通过创建一个 Servo 类的实体，你就可以使用伺服电动机库文件了。

接下来，建立几个新变量。第一个变量定义光敏电阻接的位置。这个变量叫做 photoPin，然后值设置为 0，这是因为光敏电阻接在 Arduino 的模拟输入引脚 0 上。下一个变量，servoPin，定义伺服电动机的引脚位置是在引脚 3 上。随后是变量 photoVal，初始值也设置

为 0；后面的程序中将用这个变量来存储光敏电阻的值。最后，lightLimit 变量是一个非常重要的变量，用于存储后面使用的 if-else 语句的判定值。下面一段程序定义了上述变量：

```
//初始化光敏电阻的引脚
int photoPin = 0;
int servoPin = 3;
//定义一个变量来存储光敏电阻的值
int photoVal = 0;
int lightLimit = 900;
```

现在介绍 setup 函数。首先将伺服电动机与 Arduino 的数字引脚 3 相连：

```
void setup()
{
//伺服电动机与Arduino的数字引脚3相连
myServo.attach(servoPin);
```

然后开始串行通信：

```
//开始串行通信
Serial.begin(9600);
```

最后，设置伺服电动机的初始化位置在 0°，setup 函数以花括号 "}" 结束：

```
//设置伺服电动机在0°的位置
myServo.write(0);
}
```

程序的下一部分开始 loop 函数，这也是真正的动作开始的地方。构建 loop 函数和设置 photoVal 为读取 Arduino 的模拟输入引脚 0 的值：

```
void loop()
{
//设置photoVal为模拟输入引脚0的值
photoVal = analogRead(photoPin);
```

你也许会疑惑，变量 photoVal 是如何简单地保持从光敏电阻输入电压值的。这是由于使用了对应于存储在 photoPin 变量里的引脚（模拟输入引脚 0）的 analogRead 命令。

下一段程序就是条件表达式 if-else。通过这个表达式，如果光敏电阻的值大于或者等于 900（lightLimit 变量的值），伺服电动机会从 0° 的位置转到 70° 的位置，然后又回到 0° 的位置。如何设置伺服电动机的位置呢？通过使用下面的条件表达式：

```
//如果光敏电阻读到的值是900或更高
//设置伺服电动机在0°的位置
//等待一秒，然后设置
//伺服电动机在70°位置，然后等待半秒返回
//伺服电动机回到0°的位置
if(photoVal >= lightLimit)
  {
      myServo.write(0);
      delay(1000);
      myServo.write(70);
      delay(500);
```

```
    myServo.write(0);
    delay(500);
  }
```

首先 myServo.write 函数设置伺服电动机在 0°的位置。此时程序等待 1s（1000ms）。第二步将 myServo.write 函数设置伺服电动机的位置为 70°并保持 0.5s，第三步 myServo.write 函数设置伺服电动机回到 0°的位置。

👆 **注意**

　　这个小玩意就是在模拟手指按按钮的动作。凭靠你已经选择使用的伺服电动机，或许你需要通过改变伺服电动机转动角度的值来实验哪个值能使伺服电动机转动得更能模拟人的手指按按钮的动作。

　　如果光敏电阻没有探测到亮光，else 表达式将执行，如你所想是空白的。这里伺服电动机不产生任何动作，因为在没有亮光的时候不想触发按钮。这个空的 else 表达式展示如下：

```
  else
  {
  //不需要有任何操作或者可以在这里添加自己的程序
  }
```

下面是最后一段在 loop 函数里面的代码：

```
//将photoVal值从串口输出作为调试
Serial.println(photoVal);
delay(500);
}
```

　　这段代码将储存在 photoVal 变量的值输出到串口，所以你可以在屏幕上看到这个数据。这里也有一个 0.5s（500ms）的延时。

　　将 photoVal 变量的值输出到串口是为了调试和校准周围的光。例如，如果你家里的光强于我家的，那么你可以在程序的开始增加 lightLimit 变量的值，例如，用 950 代替 900。这是让你细微地调整光敏电阻的临界值以使伺服电动机不能持续转动。仅当一束手电筒的光或者更强的光照射在光敏电阻上的时候伺服电动机能够转动。

　　现在可以使用 USB 线将程序烧录到 Arduino 上，然后准备运行这个小发明。

28.2　解决挑战 7

　　在将程序下载到 Arduino 板上之后，如图 28-1 所示，需要连接 6V 的蓄电池组来保证伺服电动机的正常供电。

　　接好后，我们可使用一个手电筒或者其他能发出很强的光的器件将光照射在光敏电阻上。图 28-2 展示的就是完整的挑战 7 小发明。

图 28-1　一组 6V 蓄电池连接伺服电动机

图 28-2 完整的挑战 7 小发明

Andrew 5.0 的话

如果你想要完整地构建 Elle 和 Cade 的挑战，你必将要找到一些可以系在伺服电动机上来模拟手指的东西。你或许也会发现你需要确保伺服电动机的表面得到固定——在伺服电动机的转轴转动的时候，会产生大量可能会使伺服电动机产生移动的扭矩。

确保作为伺服电动机手臂的冰棒棍用胶带固定得足够牢固，或者你也可以尝试使用一根铅笔。窍门在于将伺服电动机的转轴转动转变成可以像人的一根手指一样能在键盘上按动一个按钮。

图 28-3 展示的是当挑战 7 的设备连接到计算机的时候，串口监视工具的示意图。光敏电阻周围的光只有 5 个数值的变化，这不足以触发伺服电动机转动；这个值在正常光条件下为 889～891，低于程序中 if 条件表达式中的临界值 900。一旦将光直接照射在光敏电阻上，伺服电动机就开始转动。你可以看到当光源打开的时候，图 28-3 中光敏电阻上电压值的变化——显示的数值跳变至 900 以上。

干得好！你刚才构建了一个小发明，当一个很强的光源的光照射在光敏电阻上的时候可以产生一个按钮的动作。现在 Cade 和 Elle 可以安全地在应急通道里面按到那个按钮。Canvin 将会被限制，Cade 和 Elle 会有一个通畅的路径达到太空梭舱。

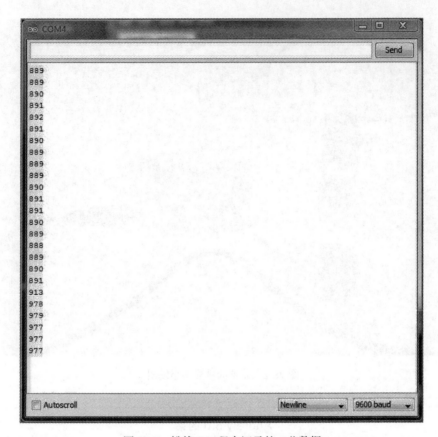

图 28-3　挑战 7 工程中记录的一些数据

第29章

离开工作站

Cade 跟随 Elle 下了楼梯，楼梯直接通向 11 楼的太空梭舱。他差点在格状地板跳了起来，但是他停了下来，走进了敞开的太空梭舱内部。

"这个看上去十分不同。"Cade 说，把他的工具箱递给了 Elle。

Elle 点头说："这与我们刚刚待的舱是一样的，呃……它看上去确实有点不同。"她接过工具箱并放在地上。"再告诉我一遍，为什么我们要拿着工具箱和便携式计算机？这又不是我们的。"

Cade 跳下来，说："我们会把它送回去的，但是我希望如果 Hondulora 老师询问我们这一整天都做了些什么，我会有一些证据证明我今天都干了什么。而且这不就是我们要做的事情吗？我想我们穿上 EV 服，离开站台会更安全。"

29.1　船

Elle 转头看向 Cade 点头的方向，7 号舱旁边只有一个鞋盒，带不规则石墨烯加固的条纹，条纹颜色各有不同，纳米晶体覆盖了大多数位置，以至于实际的太空舱的形状只能通过想象来了解了。冷却的蒸汽仍然漂浮着并从太空梭舱的尾部推进器逸出，通过这条唯一的线索，Elle 分清了梭舱的首部和尾部。

"真是个废物！"Cade 说，等着 Elle 给出指示，但是只得到了 Elle 同意地点点头。

"这个废物是你逃离工作站的唯一途径。"Andrew 通过舱内扩音器回复，"她可能貌不惊人，孩子，但她有过人之处。⊖"

Cade 大笑，说："Andrew，你这回复可以得百万大奖了。"

⊖　原文中 Cade 之前说的 "what a junk"（真是个废物）是电影《星球大战》（Star War）中的一句台词，而 Andrew 回复 "And she may not look like much,kid,but she's got it where it counts"（她可能貌不惊人，孩子，但她有过人之处）正好构成该电影里的一组对白，因此 Cade 说 Andrew 的回复"可以得百万大奖了"。——译者注。

Elle 十分疑惑，挑了挑眉毛看向 Cade。

Cade 说："下周电影夜去我家，太长了不想解释。"他拿起两个工具箱，朝太空梭舱走去。

Elle 把便携计算机背起来，跟在 Cade 后面，"Andrew，我们就这样走啦？"

"这是 Audi-Timmis Mark IV 着陆器，根据引擎的配置，它已经有 16 年的历史了。除非 Gunther 调节了控制器，他们应该是 Lsogawa 协议的标准配置的。站台智能机器人的紧急入口代码是 55842。你们都有飞行员执照吧？"

"7 岁就会了，"Cade 回答，"我的驾驶证在下个月就是二级了。"

"你不记得了，"Elle 说，"那个考试只是笔试，几乎没有关注实践操作的测试。"

"你什么意思呢？"Cade 问，他把工具箱放到地上，在驾驶员座舱旁边的窗户的后面的触摸屏上输入紧急代码。

"我只是说，你有可能需要看看标准的布伊航线。"Elle 回答。

航天飞机的左侧入口并没有打开。

"情况不妙，"Cade 说，"我以为所有停靠的梭舱都会给站台的智能机器人提供他们的应急代码以便对接。"

"等一下，"Andrew 回答，停顿 5 秒之后，"我确信是你输错了，Cade，再输一遍。"

Cade 再次输入代码，这一次他输得很慢，并且读出每一个他输入的数字。梭舱的入口控制板滑动地打开了。

"真的是输错了？"Elle 问，不满地看了 Cade 一眼。

"我的手在抖动，"他回答，"这里实在是太冷了。"

Elle 皱着眉头道："嗯。"

"请进吧。"Cade 说，拿起了工具箱，跟在 Elle 后面进入了太空梭舱。

29.2　启动问题

Andrew 进入了航天飞机的通信系统，指导 Cade 预备战斗的配置，Elle 在副驾驶员的位置，她需要这个配置。椅子很柔软，但是 Elle 注意到，椅子表面的一半都用胶带打着补丁。她同样看到人造金刚石的视口边缘有着一大团泡沫填充剂。

"我很怀疑我们在工作站上是不是会更安全一些？"Elle 嘀咕道。

Cade 按下两个开关，对 Elle 咧嘴一笑，"我们今天经历了这么多事情，你还会担心这个梭舱不安全吗？"

"你看过这个飞船上的东西吗？"Elle 问。

Cade 笑道："与我的叔叔 Gavin 的飞船一比，这个航机就像是政府的私人太阳帆船，十分舒适……大家总是说，越是经历了磨难的飞机越是安全。所有的问题都已经被解决掉了。"

"Cade，我认为这种说法是错误的，从统计学的角度来讲，现在的航天飞机的工业制造的梭舱质量要比私人制造的好。"Andrew 说。

"好了，我想离开这里了。"Elle 说，开始解开了安全带，"现在就走，我要去工作站试试运气。"

"谢谢了，Andrew。"Cade 说，"Elle，别这样，我们都系了安全带，这样很安全。再说还有这两个紧急服。"Cade 指向在右侧的船身板上面的两套可调节的制服。

Elle 看了看制服，注意到两件制服的胸部和胳膊的上面都有类似的补丁。摇头说道，"这个家伙是谁，每一次发射都像是一次冒险。"

"准备发射了，Andrew。"Cade 说，"系好安全带，Elle。"

发动机的呜呜声变大，两人通过金属架椅子感受到了太空梭舱的轻微抖动。Elle 又一次拉紧安全带，摇动着脑袋。Cade 按下他面前控制板上的一个很小的蓝色按钮，把单个耳机放到他的左耳上，并把扩音器拉到自己的嘴前面。

"双子座工作站，这里是 77-A9 号太空梭舱，要求紧急离开 7 号机架。我们检查了所有的计时卡和发动机，只有四分之一的能源了，要求进入 7 号机架的气阀舱。

回复 Elle 和 Cade 的声音十分陌生，"77-A9 号太空梭舱，批准紧急离开申请，确定回复接管站台智能机器人对气闸舱入口的控制。"

"确认接管控制，"Cade 看看 Elle，回答，"我们走了。"

太空梭舱开始向后移动，Cade 和 Elle 可以看到在太空梭舱后面的气闸门打开了一个安装在中间的小小的监视窗。他们看到第二个原本要打开的，放出太空梭舱到太空中的气闸门开始关闭，20 分钟之后，太空梭舱艰难地停了下来，Cade 和 Elle 紧紧地陷入了他们的椅子里。

"77-A9 号太空梭舱，关闭内部气闸门，在 15 分钟之后开始压降。"

Elle 紧紧地抱着自己的胳膊，坐在椅子上，"Andrew？"

"我在这，Elle。"

"感谢你为我们做的，所有的一切。"

"不客气，Elle，你和 Cade 会没事的，紧急回复小队会在一小时内出去，一切都会没事的。"

"你呢？将会……"

Elle 的问题被尖啸的警报打断了，她看向 Cade，Cade 正在猛击一些闪着红光的按钮，"双子座工作站，有什么紧急事件？" Cade 问。

"检测到障碍物，内部气闸门不会关闭，试图再次打开气闸门。"

一个响亮刺耳的声音之后，又有另一个刺耳的声音。

"不能重新打开气闸门，现在关闭梭舱机架。在 15 分钟后将紧急打开外部气闸门。

Cade 看向 Elle，常常微笑的脸上换上了真实的专注，"发生了什么事情？"

"站台智能机器人判定打开外部的器闸门是安全的，现在机架上没有别的梭舱，所以梭舱机架上的失压是可以接受的。"Andrew 回答，"在外部器闸门打开的时候，离开站台，Cade。"

注视着监视窗里飞机后面的景象，Elle 可以看到外部的器闸门打开了。在门完全打开的10 秒钟内，他屏住了呼吸。

"全部倒转引擎，Cade。"Andrew 说。

Cade 按下开关，握住他右手边的操作柄，向前推动手柄。引擎旋转的声音被推进增加取代，飞机开始颤动，但是并没有倒转，Cade 把手柄向前全部推动，看到飞机前部的推进器发出亮光，照亮了内部的器闸门。

"降低功率，Cade，马上。"Andrew 说。

Cade 把手柄拉低，飞机的颤动变小了，Cade 摇摇头，检查在他面前的控制板上的输出数据。"我们刚刚为什么不能移动？"他喊叫着。

"77-A9 号梭舱，这里是双子座工作站，等待你离开 7 号机架。"

Elle 盯着 Cade，说："我们就是不能松口气，对吗？"

Cade 皱眉，"在航天飞机系统里，所有东西看上去都是正常的。"

"我收到了来自站台智能机器人的信息，"Andrew 说，"再等一会。"

"如果他要我们再等等……"Cade 说。

29.3 最终清除故障

"他做了什么？"Cade 叫喊道，"太愚蠢了。"

"大多数航天飞机在采矿的星球上都会自己抛锚，但是我相信 Canvin 的所作所为是为了阻止你和 Cade 正在做的事。"

"偷走他的梭舱。"Cade 说。

"是借，"Elle 回答，"他在监狱里又不需要。"

Gunther Canvin 停靠的时候在梭舱底部用了锚索。直到梭舱离开 7 号机架时，Andrew 才通过梭舱监控系统发现了锚索。Cade 和 Elle 同时盯住小监视器，看到粗的钢线从梭舱的前部连接到内部的器闸门。

"我们可以搞定这个吧？"Cade 问，"只需要我们其中的一个出去一下，剪断这根钢丝就好了。"

"太危险了，Cade，需要在它没有张力的时候剪断。如果内部的器闸门没有被锚索拉住，站台智能机器人可以再次打开它，并允许梭舱再次停靠。"

"那我们现在是既不能向前，也不能退后了。"Elle 说。

"对，"Andrew 说，"这个锚索必须剪断。"

"但是你说了我们不能剪断它。"Cade 回答。

"没错，你不能剪断它。但是梭舱里有旋转手钻孔装置，可以轻而易举地剪断它。"

"太好了！"Cade 叫道，"我们中的一个人拿着这个工具出去，剪断后就跑回来，那快点吧！"

Elle 开始怀疑事情并没有这么简单，"Andrew，并没有这么简单，对吗？"

"是的，Elle，很对不起，这个工具不是自动的，并且很大。唯一适合剪断锚索的地方你去不了。"

"那么，怎么用这个手钻孔装置呢？"Cade 问。

"它是电动机驱动的。"

Cade 摇头，"好吧，就算是电动机驱动的，但是我还是没有明白你的意思。"

Elle 笑道："我们可以把它送到我们需要它到的地方，Cade。"她指向身后的便携式计算机和工具箱。

Cade 咧嘴一笑，"我相信你很高兴我执意要拿走工具箱，嗯？"

"是借，"Elle 回答，她解开了安全带，"赶快行动吧！"

第30章

挑战 8：了解有趣的东西

机器人，从技术的角度来说，第 30 章的引言只用这个词就足够了。但为了使你了解更多，这里提供了更多的信息。

有谁没有梦想过拥有属于自己的机器人？多年来，我们在电影和电视中都看到过机器人，而今天，我们可以在现实生活中的所有地方看到他们！Roomba 机器人可以使用真空吸尘器清扫地板，Da Vinci 机器人系统能够协助外科医生进行细致的手术，我们不会忘记名叫 ASIMO 的行走 Honda 机器人。（如果你不熟悉这些机器人，可以通过 Google 的快速搜索了解相关信息。）

今天，可以购买的机器人型号已经有上百种，但没有什么比制造一个自己的机器人更有意思了。并且现在有廉价的电子部件和 Arduino 微型控制器，这是制作属于自己的机器人的最好时机了。在前面的挑战中，你已经看到连接电动机和传感器后的 Arduino Uno 是多么强大。试想一下，连接了正确的元件并载入了合适的程序后，你的机器人将无所不能！

所以，下面就简单地浏览接下来的内容。图 30-1 为挑战 8 中制造的机器人。

图 30-1　本挑战中完成的机器人

30.1　基本组件

挑战 8 是使你开始制造机器人的训练。老实说，一旦开始构造机器人，你就会发现很难停下来。因为总是可以加上新的功能，电动机总是可以再拧一拧，程序里可以再修改，给机器人加上新的功能。

但是制作机器人要从最基本的部件开始，所以接下来先讨论这个问题。

你的机器人需要的三个最基本的部件（除了大脑 Arduino）是机身、发动机和轮子。机身上附有电池、电动机和传感器等。电动机的旋转使得机器人能够移动。之所以需要轮子，是因为仅靠发动机旋转的滚轮机器人是移动不了多远的。使用 Arduino 作为机器人的大脑，使用其他器件实现移动和执行其他任务的功能，例如，传感器、抓钩或导弹发射器等装置连接在机身上作为附加设备，并由 Arduino 控制。

这就是即将在挑战 8 中构造的！利用想象力和电子技术，你可以对具有基本功能的机器人进行修改和升级。

所以接下来看一看构造基础机器人需要包含哪些东西。在第 31 章，你会亲手装配你的机器人，然后在第 32 章中学会如何编程使机器人动起来。

30.2　挑战 8 的底盘

制造第一个机器人需要设计些什么？这个问题很好。

首先，机器人需要一个机身。在这里使用最广泛的是底盘（chassis，读作 chas-sey，与那只有名的狗 Lassie ⊖ 押一样的韵），用来放置电动机、轮子、电池和其他所有加在机身上的电子零件。如果底盘过小，放置一些很酷的传感器或花哨的电动机就会位置不够。如果底盘过大，你将在电池和电动机上花费更多，因为需要控制机身的额外重量（而且大个的机器人底盘很难在家具周围操作或穿过障碍物，如凳子）。所以当你开始构造机器人时，挑选底盘是非常重要的。

接下来，关于机器人的运动。你可能见过一些像坦克一样使用轨道的机器人。当轨道非常长的时候（尤其是室外使用，如在草地上移动），花销也会增加。当要增加旋转的精确性时，其编程有时也很棘手。轨道型机器人通常更重，所以电池消耗也更快。这里并不是要劝阻你选择一个轨道型机器人底盘，但是我们相信使用简单和便宜的电动机会使机器人构造更加简单。

使用简单的电动机不仅减少了机器人的花费，同样可以使编程变得更加简单一点。如果买到好的底盘，你会发现底盘的设计可以容纳不同大小的发动机。这意味着如果你要升级机器人，使它变得更大、更快和更强的时候，移除老设备，然后加上新设备将会非常简单。

谈到电动机，你会发现这里最少需要两个电动机。只有右边的电动机向前旋转时，机器

⊖　这里指的是美国电影 "Lassie"（《新灵犬莱西》）中的狗的名字。——译者注

人会左拐。只有右边的电动机向前旋转时，机器人会右拐。通过控制加在电动机上的电源电压大小，可以实现机器人急转弯，即缓慢地拐弯。

你可能会认为"两个电动机意味有两个轮子。那么这个东西仅在两个轮子上，是如何平滑地移动的"？你可以轻松地使附加的轮子（不需要额外的电动机）加到机器人底盘上，最好的解决方法是使用一个叫做脚轮的东西。它是一个很小的球型轴承、弹珠或是安装在电动机的后面的小轮子，与另一对轮子形成一个三角形。因为脚轮能往任何方向旋转，将其作为第三只轮子是非常好的；两个轮子加上脚轮是机器人在地板上移动时需要的所有东西。

如果你订购的底盘到货了，那么按照指南将其组装，只要你慢慢来并且仔细注意组装方法，那么这对你来说一点都不难。完成后，在中间带间隔的两块红色塑料板中放置电池盒。在底部安装一个银色的球形脚轮和两个黄色插孔的橡胶轮子。两块红色塑料板底部的每一边都安装了一个电动机。图 30-2 展示了最后装配好了的机器人底盘。

图 30-2　挑战 8 完全装配好的机器人底盘

当组装底盘的时候，不要把顶部板连接到底板上，因为在第 31 章你将需要对这两块板进行改装。看到这些在顶部的红色塑料板上的洞了吗？这是安装其他各种类型的零件——传感器、探测仪、爪钩等——的位置。你也可以把 Arduino Uno 安装在这里（尽管也可以把它固定在两个红色的塑料板上），这样给小面包板留出一点空间。注意把电动机的电线穿过小洞拉到顶部。Arduino 连接到底盘后，就能把电线与 Arduino 上的引脚相连或插到面包板的孔里。

Andrew 5.0 的话

SparkFun(sparkfun.com) 上独有的底盘叫做 Magician 底盘。它是一个很棒的工具包，并且具有升级的潜力。它通常有两个 65ms 的轮子，也可以换成大一点的 (或者小一点的) 轮子。如果你想要一对功率更大的电动机，也可以更换。但是你需要确定新的发动机底座插口是适合放置的，可以通过螺栓或用螺丝拧紧到底盘机身上。

顺便说一下，如果你想看看其他使用 Magician 底盘的人做出的东西，建议看看 Mark Szulc 的版本，把超声波传感器安装在前部，这样可以检测墙和椅子等障碍物。超声波传感器就如同眼睛一样，但是他们并不会像你的眼睛一样真正地去看东西。它们使用无线电波，可以从一只"眼睛"发射出去，从物体上反弹回来，回到另一只"眼睛"。微控制器可以通过无线电波反弹的速度确定物体或障碍物与自己的距离。

这里是 Mark 版本的链接：

http://www.markszulc.com/blog/2011/01/29/building-a-robot-dagu-magician-chassis-arduino/

记住 Mark 机器人比你将要构建的机器人的功能更加先进，这个版本会促使你去寻找更多升级自己的机器人的方法。

装配好底盘后，还需要几件东西。现在最重要的零件对你来说是很明显的：Arduino 是机器人的大脑。

在第 31 章，我们会告诉你在哪个部位如何连接 Arduino，但是现在你可能想要拿起 Arduino Uno，看看它可能被连接的所有部位。Arduino 的电路板上有一个用来安装的小孔。这些插孔不能移动，这意味着你要在顶部红色塑料板上找到一些可以对应连接到 Arduino 上的插孔。再重复一遍，我们会在第 31 章处理这些事情，但是请轻松地试试看你是否可以找到合适的位置。

Andrew 5.0 的话

你需要提醒读者，机器人底盘有多种形状、颜色和大小可选。如果不购买 Magician 底盘，他们仍然可以按照第 31 章和第 32 章的做法，因为大多数的变化底盘仍然有连接 Arduino、传感器和其他设备的部位。

事实上，让他们访问 sparkfun.com，在搜索栏上输入"机器人底盘"。他们将会看到一些不同的底盘选择。甚至可以到 pololu.com 上搜索——那里有多种不同的底盘类型可供选择，颜色和形状都十分有趣。

Andrew 是正确的——这里没有限制你必须使用挑战 8 中的机器人底盘。你可能希望基于个人考虑购买零件。你会发现只有塑料或者金属机身片可以组成框架，你会把电动机和传感器安装在这个框架上。你可以购买你喜欢的电动机（不同的尺寸和功率），轮子也是如此。要记住的最主要的事情是，检查电动机的数据手册或测量数据确定其安装尺寸。一些机身零件会指定能够安装的电动机的精确尺寸或形状，然而其他的值却没有精确地限定。如果你要把各种零件装配成底盘，那么你需要仔细一点，如果有疑问就多询问一下卖家。

基本的底盘装配好后，准备开始安装你需要的其他硬件部分。除了 Arduino，你可能希望考虑其他器件，比如，一个启动和停止机器人的按钮。当然了，这个功能会在程序中定义。其他选择包括加一个可以控制发动机速度的电位计。当你在程序中明确提出速度的变化的时候，你能够手动控制发动机，通过电位计转动控制盘来调高或者调低速度。

Cade 和 Elle 找到了一个带轮子的小机器人，它还带有可以割断钢绳的工具。他们需要为自己的机器人做的事情就是你将会为你的机器人做的事情，也就是说，通过程序将它从地点 A 移动到地点 B。

30.3 准备好了吗？

就是这个！在第 31 章中，你将准备装配机器人其余的零件，在第 32 章将为机器人编程。另外，一旦你完成了挑战 8，你将拥有一个连接 Arduino 控制器的机器人底盘，这个机器人底盘在未来的实验中也有用。你会想要探索电子部件和传感器，并使你的机器人完成更多的任务。例如，你可以考虑如何安装温度传感器或红外线传感器到底盘上。

但是现在，要开始制作了。

第31章

挑战 8：检查硬件

恭喜在本书中更近一层楼——你几乎快完成本书中的所有任务了！在本章，你将了解制作一个机器人需要的基本硬件，该机器人构建在底盘上面，并有三个轮子，其中的两个由6V的直流电动机控制。

你需要通过 H 桥来控制机器人的直流电动机，就如同你在挑战 4 中做过的一样。唯一的区别就是，这次会在两边都使用 H 桥，因为我们需要控制两个发动机。

机器人十分有趣，不是吗？谁不想构造一个自己的机器人？你会发现构造机器人与其他的技能一样。开始的时候很简单，然后通过学习，你的硬件能力会提高。你的软件能力也会提高。在机器人项目做完之后，你就准备好去突破自我，开始研究所有你感兴趣的电子器件领域。可能会构造更大、更快、更先进的机器人……也许是其他的东西。

31.1　新的硬件

图 31-1 是在本次挑战中完成的底盘，它装有 Arduino、电路系统和电池。底盘使用两个直流电动机来控制机器人移动的方向。这样想一想，如果右轮子旋转而左轮子不动，机器人会向左旋转。如果左轮子旋转而右轮子不动，机器人会向右旋转。向左或者向右的轻微移动是以不同的速度旋转两个轮子——这使得机器人在原地旋转或者向左向右进行小的或大的拐弯。

使用图 31-1 作为最终的底盘样子的参考，但是在完成本章节剩下的任务之前，按照来自底盘工具包的装配指南，我们会告诉你如何连接机器人底盘所必需的电子零件，但是底盘的装配将由你自己来完成。

这里有一个建议：当装配底盘的时候，不要连接顶部板，因为需要对其进行改装。

图 31-1　本次挑战的底盘

31.2　构建小发明 8

首先修改底盘，然后构造一个驱动机器人的电路。所以开始构造吧。

1. 把底盘的两个支架与 Arduino 连接起来。支架是很小的金属杠，可以作为机器人底盘顶板和 Arduino 之间的隔板。这样对安装 Arduino 很好，因为这样它可以轻轻置于安装面。如图 31-2 所示。我们使用的支架的两端各有一个很长的螺母，这样可以拧上螺丝钉。

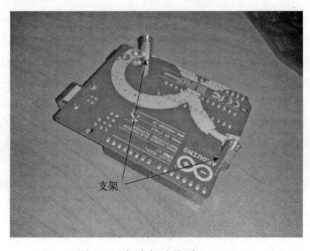

图 31-2　把支架连接到 Arduino

2. 决定把 Arduino 放置在底盘顶板的哪个部位。如图 31-3 所示。你不用在顶板上写东西，图 31-3 是为了指明要把 Arduino 的两个支架放的位置。

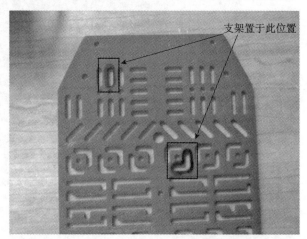

图 31-3 标志出 Arduino 会附在底盘顶板的位置

3. 把 Arduino 安装到底盘顶板。如图 31-4 所示。你可能发现 Arduino 安装在顶板边缘的一个很小的角上——这非常正常。不是所有的底盘板都可以很好地安装零件，所以有时候需要旋转零件使支架接入板的间隔。

图 31-4 把 Arduino 安装到到底盘顶板上

4. 把 Velcro 与 4 节 AA 电池盒连接（这个底盘的电池盒不是 4 节 AA 电池的）。然后把 Velcro 安装到底盘底板上。（顶板会盖住电池盒，这是建议你不要在顶板上附加东西的原因。）如图 31-5 所示。

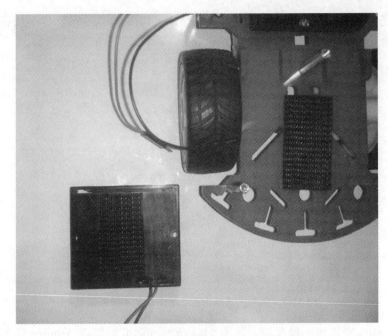

图 31-5 把 Velcro 安装在电池盒与底盘上面

5. 在底盘的底板上，把 AA 电池盒连接到 Velcro 上。如图 31-6 所示。(现在这里应
   该有 2 组 4 节 AA 的电池盒。如果你遵循了底盘的安装指南，在构造底盘的时候，
   你已经加上了第一个电池盒。)

图 31-6 把 4-AA 电池盒安装到底盘上

6. 把无焊接面包板连接到底盘的顶板上（你会发现面包板底部是带黏性的）。如
　图 31-7 所示。确定面包板没有遮盖住顶板中间的小孔，因为稍后你将使用这个
　小孔。

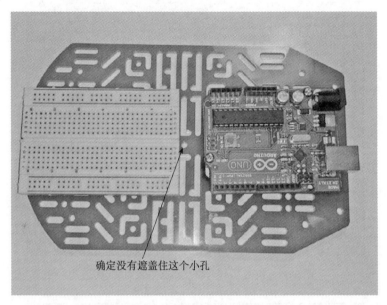

确定没有遮盖住这个小孔

图 31-7　把面包板安装到底盘的顶板上

好了，现在底盘完全改装好了，接下来为这个项目创建一个电路。这里使用图来说明，
以使你更容易理解如何组装和连接不同的组件。

⚠ 警告

标明面包板的方向是很重要的，确定如图 31-7 那样摆放。在你构建这个项目的时候，
你会发现图片是镜像的。这不是大问题。遵循指南就行了。

7. 把 H 桥和六位反相器安装到面包板上。H 桥由插在 E-4 中的引脚 1（到 16）开始，
　每一边的引脚都由 F-4 开始。六位反相器由插在 E-14 中的引脚 1（到 14）开始，
　每一边的引脚都在 F-14 中。如图 31-8 所示。注意在图 31-8 中，在每个芯片上的
　槽口都是指向右的，而引脚 1 在左边的最下面。

8. 确定如图 31-8 所示连接了 H 桥和六位反相器，用别的方式连接会损伤零件。如
　果你确实把集成电路连接错了，迅速断开电源后稍等几分钟再移动芯片，因为它
　们可能会很烫手！

9. 把双位接线端块安装到面包板上（在 A-26 和 A-28 上）。如图 31-9 所示。

10. 现在安装电源和接地引脚。首先连接 GND 与 D-7、D-8、G-7、G-8、D-20 和
　　C-28。我们使用黑色的跳线，但是你也可以选择其他颜色的线。

现在使用一根黑色跳线连接面包板一端的接地端与另一端，如图 31-10 所示。

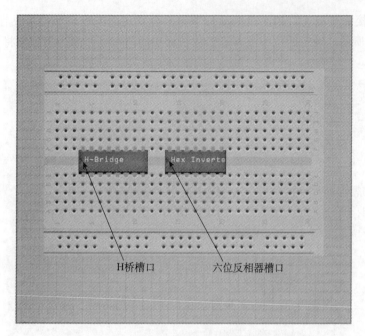

图 31-8　把 H 桥和六位反相器安装到面包板上

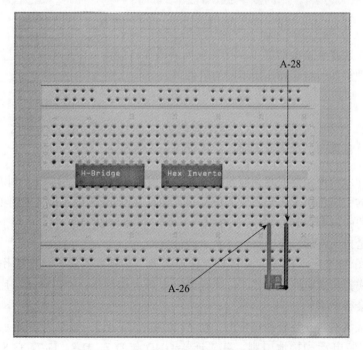

图 31-9　把双位接线端子安装到面包板上

把电源连接到 L-14 和 G-4 上。我们使用的是红色的跳线，但是你也可以使用你现

有的跳线。接下来，使用跳线连接面包板的正极端和另一端。同样，从 C-26 到
D-11 用红线连接。如图 31-10 所示。

11. 现在把六位反相器连接到 H 桥上，我们使用了绿色的跳线，但是你也可以使用
你现有的其他颜色。首先，连接 B-5 与 B-15，然后连接 C-10 与 C-14。接下来
是连接 G-10 与 G-15，然后连接 H-5 和 H-16。如图 31-11 所示。

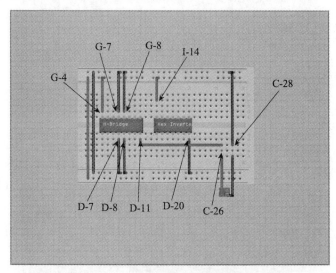

图 31-10　连接电路的电源和接地端

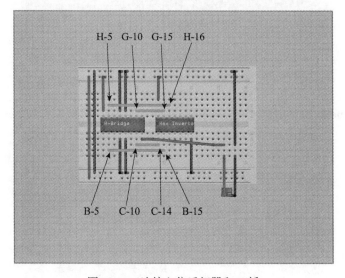

图 31-11　连接六位反相器和 H 桥

12. 将 Arduino 的 5V 引脚接至面包板的电源端，然后将 Arduino 的 GND 引脚接至
面包板的接地端，如图 31-12 所示。

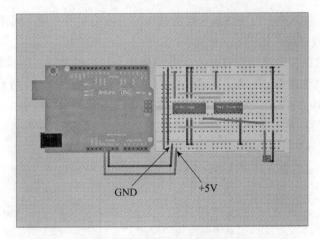

图 31-12　将 Arduino 的电源引脚和接地引脚接至面包板

13. 把 Arduino 的数字引脚 5 与面包板上的 D-4 连接，如图 31-13 所示。

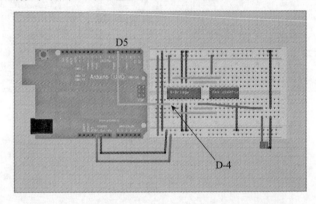

图 31-13　连接 Arduino 的数字引脚 5 和面包板的 D-4

14. 把 Arduino 的数字引脚 4 与面包板上的 D-10 连接，如图 31-14 所示。

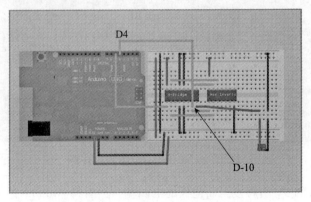

图 31-14　连接 Arduino 的数字引脚 6 与面包板的 D-10

15. 把 Arduino 的数字引脚 6 与面包板上的 J-11 连接，如图 31-15 所示。

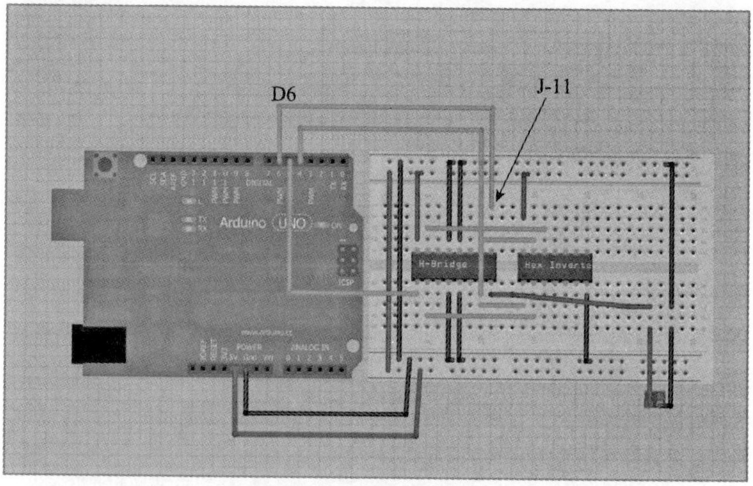

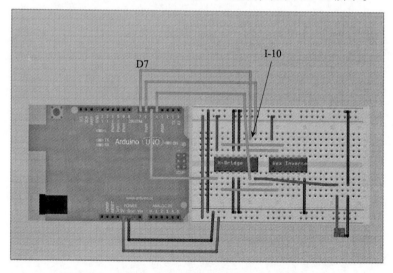

图 31-15　连接 Arduino 的数字引脚 6 和面包板的 J-11

16. 把 Arduino 的数字引脚 7 与面包板上的 I-10 连接，如图 31-16 所示。

图 31-16　连接 Arduino 的数字引脚 7 和面包板的 I-10

猜猜看，你已经完成了！图 31-17 所示为我们制作的机器人外观。你的机器人应该和它长得差不多。

很好，你已完成了自己的机器人。但你还需要加载一个程序来控制机器人的行为，这是第 32 章中的内容了。你将学习编程并将其加载，然后把顶板安装到底盘上，使你的机器人"活过来"。

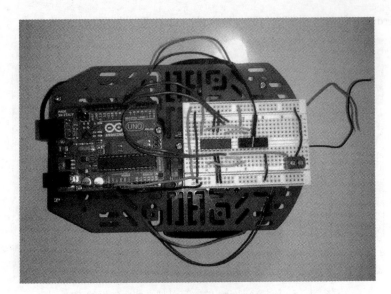

图 31-17 作者的最终作品

第32章

挑战 8：检查软件

在此我们要恭喜你，你现在已经快要读完本书了。你已经将 7 个挑战的内容甩在了身后，现在是第 8 个也是最后一个挑战了——给第 31 章中装配好的机器人编写程序。相信你早已准备好了！你已经完成很多任务了，现在这个机器人正等着你编写的程序，赋予它新的生命呢。

不过首先希望你学习一个很重要的编程原理，这对于你动手编写 Arduino 程序是很有用的。本章会告诉你如何在 Arduino 程序中创建和调用你自己的函数。等你理解了这个重要的编程思想之后，我们将与你一起完成最后一个挑战的程序。

记住——不要私自将底座的顶板安装到底座上，在后面的章节中会告诉你什么时候做。

现在，开始编程。

32.1　函数解析

函数对于你编写 Arduino 的程序是非常重要的，对于其他类型的编程也是如此。函数是你预先编写好的一系列指令，在程序中你可以多次调用它们。直到现在，你已经使用过已预先编写好的函数了，这些函数不仅便于重复调用，也能让程序更加具有可读性。目前，一个很常用的函数的例子就是挑战 1 中用到的 map() 函数了。函数用来进行计算或执行特定命令，这都无需你自己动手创建函数。但不是所有你想要做的事情都有预先写好的函数。有时你需要自己动手写一个函数，不过你一旦写好了，在以后的编程过程中就都可以任意调用了。

本章中你将学会创建几个能让你的机器人具有运动能力的函数。它们是：Forward(int)、Reverse(int)、turnLeft(int)、turnRight(int) 和 Stop(int) 函数。注意这些函数的括号内均有一个 int 型的变量（一个整型数值）。这个值会传递给函数，这样你就能控制电动机通电或关闭的时间了。

如代码清单 32-1 给出一个将在本项目的程序写的函数的例子：

代码清单 32-1   小车程序之前进函数

```
void Forward(int tdelay)
{
digitalWrite(DirPin1, HIGH);
analogWrite(PWMPin1, 220);
digitalWrite(DirPin2, HIGH);
analogWrite(PWMPin2, 255);
delay(tdelay);
}
```

注意，在函数名 Forward 的前面有一个"void"。void 在这里的意思是这个函数没有返回值。也就是说，我们不需要这个函数反馈任何信息。给定函数一个整型数值，就会产生相应动作（机器人会向前走一段特定时间），但是当这个动作结束之后，不会返回任何信息给开始这个动作的函数。

👆 注意

一个能够返回数值的例子就是 digitalRead() 函数；这个函数能返回 0 或 1。

在函数名的后面，你会看到括号里面的内容为 int tdelay；这个数值（存储在名为 tdelay 的变量中）会传递给这个函数。你可以看到参数 tdelay 直到在函数的最后才被 delay（tdelay）；调用。

参数 tdelay 只是将一个整型变量传递给延时函数，这样就使得 Forward 函数等待一段时间，你可以在括号中任意指定这个时间的长短。

在使用自定义的函数之前，你需要在程序的开始部分进行初始化。这个过程称为函数声明，其格式如下：

```
void Forward(int);
```

你只需要知道函数的声明必须放在程序的开始部分就可以了。现在已经学习了几个在本章后面几节中要用到的编程思想。下面将介绍挑战 8 中所用到的程序。

32.2   挑战 8 程序

挑战 8 的程序需要 Elle 和 Cade 使机器人能向各个方向运动，这就要求我们使用 4 个不同的数字端口来控制 2 个直流电动机的速度和转向。

代码清单 32-2 是完成这些任务所用的完整程序。稍后会分块讲述各个部分，让你更好地理解。

代码清单 32-2   挑战 8 程序

```
// 初始化用于控制电动机速度的两个PWM端口
int PWMPin1 = 5;
int PWMPin2 = 6;
// 初始化电动机转向控制端口
```

```
int DirPin1 = 4;
int DirPin2 = 7;
// 需要创建的5个函数的函数声明
void Forward (int);
void Reverse (int);
void turnRight (int);
void turnLeft (int);
void Stop (int);
void setup ()
{
    // 设置用于控制转速和方向的Arduino数字端口的输入/输出模式
pinMode (PWMPin1, OUTPUT);
pinMode (PWMPin2, OUTPUT);
pinMode (DirPin1, OUTPUT);
pinMode (DirPin2, OUTPUT);
}
void loop ()
{
    // 前进1500ms
Forward (1500);
    // 右转500ms
turnRight (500);
    // 前进2000ms
Forward (2000);
// 左转750ms
turnLeft (750);
    // 后退2500ms
Reverse (2500);
    // 两个电动机均停止2500ms
Stop (2500);
}


// 此处为前进函数
void Forward (int tdelay)
{
    /*
```

设置DirPin1为高电平，PWMPin1端口输出PWM的占空比为220/255。由于小车在本应沿直线前行的时候却左转了，所以将PWMPin1的值调整为200而不是255。你可能也需要调整这两个PWMPin数值的某一个。

```
    */
    digitalWrite (DirPin1, HIGH);
    analogWrite (PWMPin1, 220);
    // 设置DirPin1为高电平，PWMPin2端口输出PWM的占空比为255/255
    digitalWrite (DirPin2, HIGH);
    analogWrite (PWMPin2, 255);
    // 整型数值传递给前进函数后延时一段时间
    delay (tdelay);
}
// 此处为后退函数
void Reverse (int tdelay)
{
```

```
        // 设置DirPin1为低电平，PWMPin1端口输出PWM的占空比为220/255
        digitalWrite (DirPin1, LOW);
        analogWrite (PWMPin1, 220);
        // 设置DirPin2为低电平，PWMPin2端口输出PWM的占空比为255/255
        digitalWrite (DirPin2, LOW);
        analogWrite (PWMPin2, 255);
        // 整型数值传递给后退函数后延时一段时间
        delay (tdelay);
    }
    // 此处为右转函数
    void turnRight (int tdelay)
    {
        // 设置DirPin1为低电平，PWMPin1端口输出PWM的占空比为220/255
        digitalWrite (DirPin1, LOW);
        analogWrite (PWMPin1, 220);
        // 设置DirPin2为高电平，PWMPin2端口输出PWM的占空比为255/255
        digitalWrite (DirPin2, HIGH);
        analogWrite (PWMPin2, 255);
        // 整型数值传递给右转函数后延时一段时间
        delay (tdelay);
    }
    // 此处为左转函数
    void turnLeft (int tdelay)
    {
        // 设置DirPin1为高电平，PWMPin1端口输出PWM的占空比为220/255
        digitalWrite (DirPin1, HIGH);
        analogWrite (PWMPin1, 220);
        // 设置DirPin2为低电平，PWMPin2端口输出PWM的占空比为255/255
        digitalWrite (DirPin2, LOW);
        analogWrite (PWMPin2, 255);
        // 整型数值传递给左转函数后延时一段时间
        delay (tdelay);
    }
    // 此处为停止函数
    void Stop (int tdelay)
    {
        // 设置DirPin1为低电平，PWMPin1端口输出PWM的占空比为0/255
        digitalWrite (DirPin1, LOW);
        analogWrite (PWMPin1, 0);
        // 设置DirPin2为低电平，PWMPin2端口输出PWM的占空比为0/255
        digitalWrite (DirPin2, LOW);
        analogWrite (PWMPin2, 0);
        // 整型数值传递给停止函数后延时一段时间
        delay (tdelay);
    }
```

很长的一段程序吧？确实有点长了，不过也别被吓到了。一些最重要的程序也可以很短，一些很简单的程序也可以很长。既然这段程序看起来有点吓人，那么就把它分段解析。等到学习完之后，你就能很好地适应程序，也能理解它是如何完成的。

挑战 8 程序中开始的一段如下：

```
// 初始化用于控制电动机速度的两个PWM端口
int PWMPin1 = 5;
int PWMPin2 = 6;
// 初始化电动机转向控制端口
int DirPin1 = 4;
int DirPin2 = 7;
// 需要创建的5个函数的函数声明
void Forward(int);
void Reverse(int);
void turnRight(int);
void turnLeft(int);
void Stop(int);
```

首先，定义用来控制电动机转速和方向的数字端口。如你所知，我们会用到 4 个存储整型数据（如 1，2，3，…）的变量。PWMPin1 通过数字端口 5 控制电动机 1 的转速，PWMPin2 通过数字端口 6 控制电动机 2 的转速。同样地，DirPin1 通过数字端口 4 控制电动机 1 的旋转方向，DirPin2 通过数字端口 7 控制电动机 2 的旋转方向。

下面就是要创建的函数了。前面已提及：必须先定义函数所传递的变量的名称和类型（如果有）。我们所创建的第一个函数是 Forward 函数，它就有一个整型变量值。其余四个需要创建的函数分别是 Reverse、turnRight、turnLeft 和 Stop。它们也都需要定义变量来传递各自的整型数值。

这里是需要学习的下一段代码：

```
void setup()
{
     // 设置用于控制转速和方向的Arduino数字端口的输入/输出模式
pinMode(PWMPin1, OUTPUT);
pinMode(PWMPin2, OUTPUT);
pinMode(DirPin1, OUTPUT);
pinMode(DirPin2, OUTPUT);
}
```

现在，你应该对程序中的 void setup() 部分非常熟悉了吧。这个函数中只是包含了一些代码，用来告诉 Arduino 使用四个数字端口（4、5、6 和 7）输出电压给直流电动机，这样就能控制其转速或者旋转方向了。再次提醒，所有的这些代码都包括在开始的“{”括号和结尾的“}”括号之间。

下面的程序就是将一直循环执行的函数了；同样地，你应该已经很熟悉程序中的 void loop() 部分了：

```
void loop()
{
// 前进1500ms
Forward(1500);
// 右转500ms
turnRight(500);
// 前进2000ms
```

```
Forward (2000);
// 左转750ms
turnLeft (750);
// 后退2500ms
Reverse (2500);
// 两个电动机均停止2500ms
Stop (2500);
}
```

仔细看上面的程序，在起始和结束括号之间你会看到在前面的程序中创建的函数，不过这次，它们在圆括号里都有一个数字。这就是程序运行的方式！看第一个函数——Forward（1500）。当程序开始执行的时候，你首先会看到机器人向前动了。这就是在这里调用Forward函数的作用。

当你把程序下载到Arduino中时，你所写的所有代码都下载进去了。这意味着这个Forward函数与其他四个函数一起，都存储在Arduino中了。当执行第一个Forward函数的时候，并不意味着程序真的跳转到这个函数所在的位置。相反，Arduino只是"知道"了Forward函数的功能，然后将其执行——输出相应的电压信号（通过数字端口）给电动机，告诉它们转速为多少，以什么方向转动。括号中的数值则告诉Forward函数需要等待多长时间（以毫秒为单位）才能执行下面的函数（在这里是turnRight函数——见程序）。

下面会简单介绍上面所有函数的实际编程方法，不过你要知道，当前进函数执行完毕后，下一步程序就要调用turnRight函数。本程序中转递给turnRight函数的参数值为500。

继续看void loop()里的下一段程序，你会看到接下来调用的函数是另一个Forward函数。下面接着就是左转，然后后退，最后停止。如果你观察机器人，它是先向前走一下，右转，再向前走一下，左转，然后向后倒退一点，最后就停下了。简单吧！

我们希望你从void loop()部分学到的是，对于任何你希望的机器人运动方式，都可以很容易地编程实现。只需要在程序中插入对那5个函数的调用命令，你所希望的运动方式就会实现了。例如，可以另编一个运动方式如下：前进，左转，前进，左转，前进，左转，前进，停止。

如果你按上述顺序在void loop()中添加函数调用命令，再加上适当的延时参数，你的小车也会沿矩形运动了！（不相信我们？试试你就知道了！）

Andrew 5.0 的话

是的，你可以任意编程控制小车的运动，但是这里暗藏了一个问题。前面作者向你展示的每一个程序都是编程控制电动机以一定的速度转动，从而前进一段距离。对于控制一个小车前进来说，电动机转速不是问题，真正的问题在于电动机转动了多长时间。试想一下，如果你让电动机转动2s，它可能前进了1m。也就是说，如果你让电动机转动4s，它可能就会前进2m。

所以，学习编写函数时，记住，当你在一个有椅子、家具和其他障碍物的房间里编程控制小车的时候，在控制小车执行一个新的动作（如左转）之前，你需要进行反复的试验来确定程序中所需要的延时时间是多少。这个功能就是通过 void loop（）部分中的函数的括号内的数值来实现的。

下面要学习的程序是这个五个函数中的第一个。这里首先要看一段程序：

```
// 此处为前进函数
void Forward(int tdelay)
{
   /*
设置DirPin1为高电平，PWMPin1端口输出PWM的占空比为220/255。由于小车在本应沿直线前行的时候却左
转了，所以将PWMPin1的值调整为200而不是255。你可能也需要调整这两个PWMPin数值的某一个。
   */
   digitalWrite(DirPin1, HIGH);
   analogWrite(PWMPin1, 220);
   // 设置DirPin1为高电平，PWMPin2端口输出PWM的占空比为255/255
   digitalWrite(DirPin2, HIGH);
   analogWrite(PWMPin2, 255);
   // 整型数值传递给前进函数后延时一段时间
   delay(tdelay);
}
```

Andrew 5.0 的话

你会发现这里的程序实际上大都是注释！（// 用于只有一行的注释，不过这里也有 /* 和 */ 符号——所有介于 /* 和 */ 之间的内容都属于注释部分。/* 和 */ 用来添加那些不只一行的注释。）

首先从第一行看起：void Forward（int tdelay）。它的作用是，当函数被调用时（在前面的 void loop() 部分），读取括号里的数值并将其存储到 tdelay 变量中。

下面是注释部分，告诉你如何通过调整参数值来让机器人沿着直线行走。然后你看到的就是 5 行代码还有一些注释。

digitalWrite（DirPin1，HIGH）函数通过连接到电动机 1 的数字端口 4 输出电压值，控制电动机的旋转方向。与此同时，analogWrite（PWMPin1，220）也通过数字端口 5 输出其信号，控制电动机的转速。接着，你会看到几乎一样的控制电动机 2 的代码。digitalWrite（DirPin2，HIGH）函数通过数字端口 7 输出电压值控制电动机的旋转方向，analogWrite（PWMPin2，255）控制电动机的转速。

Andrew 5.0 的话

为什么两个电动机转速参数不设置为相同（都设置为 220 或 255）呢？每个电动机都是不完全相同的，也就是说看起来相同的电动机并不一定会严格地以相同转速旋转。

所以你需要微调这两个数值，直到这两个数值（一个控制电动机 1，另一个控制电动机 2）使得机器人基本沿直线运动。或许你很幸运地发现 220 或者 255 对两个电动机都很适合，不过以我们的经验，每个电动机都是独特的，需要调试一下才能找到控制电动机转速的最佳参数值。

程序的最后一部分——delay（tdelay）设定了程序需要等待或暂停的时间，然后再返回 void loop() 部分继续执行下一部分程序。在本例中，机器人会向前前进约 1.5s，然后向右转（通过下面调用的右转函数实现）。

另外，每个函数的实际代码都可以在程序后半部分按任意顺序放置。如果你看一下本章前面的完整程序，你会发现程序中的下一个函数是 Reverse 函数，而不是 turnRight 函数。不要把函数的调用与实际的函数弄混了——函数的调用存在于 void loop() 部分，实际的函数（如 Forward 函数、Reverse 函数等）则一般放在程序的后半部分。

既然下一个调用的函数是 turnRight 函数，那么就跳过 Reverse 函数，先来看一下 turnRight 函数，其代码如下：

```
// 此处为右转函数
void turnRight(int tdelay)
{
    // 设置DirPin1为低电平，PWMPin1端口输出PWM的占空比为220/255
    digitalWrite(DirPin1, LOW);
    analogWrite(PWMPin1, 220);
    // 设置DirPin2为高电平，PWMPin2端口输出PWM的占空比为255/255
    digitalWrite(DirPin2, HIGH);
    analogWrite(PWMPin2, 255);
    // 整型数值传递给turnRight函数后延时一段时间
    delay(tdelay);
}
```

根据刚刚学习的 Forward 函数，现在你应该能够理解这个函数了吧。仔细看程序，你会发现电动机 2 的电压设置为高电平，而电动机 1 的电压则变为低电平。这表示电动机 2 会沿一个方向转动，而电动机 1 沿另外一个方向转动——这就能使小车向右转了！

想要更好地实现右转，你还需要调整 PWMPin1 和 PWMPin2 的值。通过增减它们的大小进行调试，使小车达到你满意的旋转速度和方向。

现在你知道 turnLeft 函数是怎样了的吧？如果你的答案是将电动机 1 设置为高电平，而给电动机 2 的电压则为低电平，那就对了！这里是 turnLeft 函数的代码：

```
// 此处为左转函数
void turnLeft(int tdelay)
{
    // 设置DirPin1为高电平，PWMPin1端口输出PWM的占空比为220/255
    digitalWrite(DirPin1, HIGH);
    analogWrite(PWMPin1, 220);
    // 设置DirPin2为低电平，PWMPin2端口输出PWM的占空比为255/255
    digitalWrite(DirPin2, LOW);
```

```
analogWrite (PWMPin2, 255);
// 整型数值传递给左转函数后延时一段时间
delay (tdelay);
}
```

是的！仔细看上面的程序，你会发现唯一的不同是对电动机 1 和电动机 2 的 digitalWrite 语句。其他所有的代码（analogWrite 语句）都是相同的。

这里是 Reverse 函数的代码：

```
// 此处为后退函数
void Reverse (int tdelay)
{
    // 设置DirPin1为低电平，PWMPin1端口输出PWM的占空比为220/255
    digitalWrite (DirPin1, LOW);
    analogWrite (PWMPin1, 220);
    // 设置DirPin2为低电平，PWMPin2端口输出PWM的占空比为255/255
    digitalWrite (DirPin2, LOW);
    analogWrite (PWMPin2, 255);
    // 整型数值传递给Reverse函数后延时一段时间
    delay (tdelay);
}
```

认真思考一下，你就能理解 Reverse 函数的原理了。两个 digitalWrite 语句都是设置输出电压为低电平。其功能是使电动机 1 和电动机 2 反向旋转 2500ms（2.5s），然后调用下一个函数，Stop 函数。

这里是 Stop 函数的代码：

```
// 此处为停止函数
void Stop (int tdelay)
{
    // 设置DirPin1为低电平，PWMPin1端口输出PWM的占空比为0/255
    digitalWrite (DirPin1, LOW);
    analogWrite (PWMPin1, 0);
    // 设置DirPin2为低电平，PWMPin2端口输出PWM的占空比为0/255
    digitalWrite (DirPin2, LOW);
    analogWrite (PWMPin2, 0);
    // 整型数值传递给停止函数后延时一段时间
    delay (tdelay);
}
```

仔细看程序，你会发现 PWMPin1 和 PWMPin2 的值都设置为 0。这表示没有给电动机设置电压，从而使机器人停止。机器人会静止 2.5s（因为延时函数的参数值为整型数 2500），然后 void loop() 部分会重新开始执行，程序又开始控制机器人的运动了。

现在你已经在本书中学到了很多编程知识了！你能想到如何修改程序，使在机器人运动的某些不同时刻点亮 LED 吗？或者考虑一下 PIR 传感器——你可以在 PIR 传感器检测到红外热量变化的时候调用一个运动—避障函数。你可以尝试很多修改这个程序的方法，能够限制的只是你的想象力还有你所学会的编程技术而已。

现在你快要完成这个挑战了。打开 Arduino IDE，键入程序，下一步就是把程序下载到

Arduino 中。下载完之后，把电路板放回机器人底座上，连接好电动机，就可以运行程序了。

32.3 解决挑战 8

　　编好程序之后，就把程序下载到 Arduino 中吧。成功下载好之后，你就可以断开 Arduino 的 USB 连接了。然后你还需要向 Arduino 电池盒里放入 4 节 AA 电池，同样也向电路电池盒里放入 4 节 AA 电池，如图 32-1 所示。

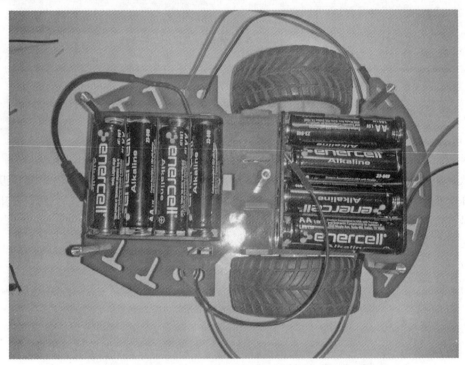

图 32-1　向两个电池盒里放入电池（此时无需连接电动机）

　　放入电池后，你就可以把机器人底盘的上部与底盘连接起来，如图 32-2 所示。如果只用 2 个螺丝固定板子的两个对角，在检修电路的时候就可以比较容易地拆下顶板。稍后当你确定电路连接正确，并对机器人小车的工作状态满意的时候，就可以固定所有的螺丝了。

　　我们所说的机器人的前部是指底盘为圆形的部分，以此来区分电动机是向前、向后、向右或者向左转动。

　　下面这部分是非常重要的；将图 32-2 中最上方的电动机上的黑线与无焊面包板上的 H-9 端口连接起来。尽量选择合适的孔来走线，保持机器人的外形紧凑。

　　然后将图 32-2 中最上方的电动机上的红线与无焊面包板上的 I-6 端口连接起来。接着连接图 32-2 中最下方的电动机上的黑线到无焊面包板上的 B-9 端口。最后再连接图 32-2 中最下方的电动机上的红线到无焊面包板上的 C-6 端口。上述所有接线见图 32-3。

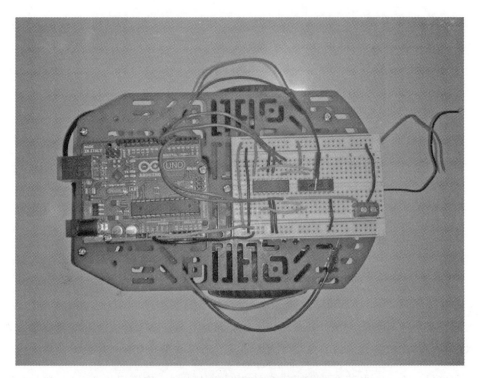

图 32-2 将机器人底盘顶板与底盘连接

图 32-3 电动机与无焊面包板的连接

下面，先确认 Arduino 没有上电（不论 USB 或 6V 电源）。

现在，将靠近小车前部（圆角）的 AA 电池盒的电源线（红线）连接到双位接线端的电源端。然后将上面的电池盒的地线接到双位接线端的地端。操作过程如图 32-4 所示。

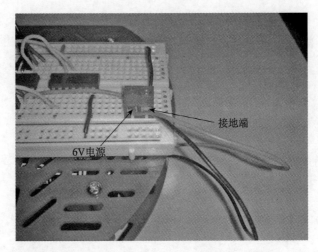

图 32-4 将电池盒的 6V 电源与双位接线端连接

☞**注意**

　　上面这两个连线都很关键，如果接错可能会损坏电路。如果你发现确实接错了，要迅速断开双位接线端上的接线，因为电路可能会发烫，所以要等待 2 分钟才能重新接线！

　　现在将另一个 AA 电池盒（靠近底盘的非圆角的那个）连接到 Arduino。在此要保证在轮子转动的时候不会阻挡它们。操作过程如图 32-5 所示。

图 32-5 将电池盒的 6V 电源与 Arduino 连接

如果一切运行正常，你就做好了一个能帮到 Elle 和 Cade 的小车了。最后的完成效果如图 32-6 所示。Elle 和 Cade 就能通过修改程序来控制机器人到达对接舱的合适位置，切断锚索释放梭舱以帮助他们离开了。你也能通过改变程序使机器人去想去的任何地方了！

图 32-6 最终成品

试试修改程序，调整调用控制机器人运动的函数的顺序吧。前面展示的函数循序能让机器人实现完整的矩形运动，你能想到什么运动方式呢？如果要让机器人沿一个圆形运动，需要多少个什么样的函数呢？（小提示：一个！）

如果你想继续挑战，可以考虑修改程序，使其实现倒退着左转和倒退着右转！我们还建议，给小车上添加按钮，当按下按钮后，小车会以一个特定的图形运动。这些听起来有点棘手，但是相信我们——你已经具备了完成这些进阶任务的软件知识和硬件条件。

32.4　你还没有完成！

是的，本书中的 8 个挑战任务已经完成了，但是你不能结束你的 Arduino 冒险之旅！鉴于篇幅，本书只为你提供了 8 个挑战任务，但是数百个，甚至上千个，更多的挑战还在等着你。你可以在书上、互联网上、杂志上……找到更多的方案和制作例程。

而你所需要做的就是在网上搜索 Arduino 的相关项目，你就会发现很多想象不到的项目。记得登录本书配套的网站，那里面有很多与你已经购买的硬件电路相关的项目。我们会尽量完善它，并会增加一些项目或更新／升级本书中已有的项目。

如果让我们给你一句结尾忠告，会是：不要停止学习的脚步。

要一直学习新的编程技术、新的传感器，还有新的电子套件，将其整合到又新又有趣的电子制作中。阅读一些电子技术和 Arduino 相关的书籍，看一些像 Make 或者 Popular Mechanics 这样的杂志，还有不要忘记还有一个能提供你无穷的项目来源的 Google 搜索引擎。与你的家人和朋友分享你的作品，享受电子制作给你带来的快乐吧。

感谢你与我们一起冒险！

James Floyd Kelly

Harold Timmis

第33章

后　记

3 个星期之后

Cade 和 Elle 走出房间，脸上露出了笑容。他们刚刚结束关禁闭，其实他们都明白惩罚应该比这更严重。

"我们要快一点了，"Cade 说：他拽着 Elle 的胳膊。"典礼还有 10 分钟就要开始了。"

"从禁闭室到颁奖典礼，"Elle 说："听起来有点奇怪，不是吗？"

"嘿，这是一个颁奖典礼。我父母告诉我，如果我迟到，他们会告诉 Hondulora 老师，让我再多关两个星期禁闭。所以快点吧！"

他们两个人跑下大厅，在路口左转右转。同学站在走廊上，微笑地看着这两个年轻的英雄。在 Elle 和 Cade 获救的几天后，还没有人意识到双子座工作站发生了什么事情，但是现在他们俩成了所有学生心目中的英雄。故事放在新闻网上，他们需要参加 SIM 电影的活动，需要接受记者的采访，他们还有了粉丝俱乐部，俱乐部同学要他们出席很多场合。所以学校放假之后，迎接他们的将是一个繁忙的暑假。

Cade 和 Elle 在学校体育馆的转弯处差点撞到 Hondulora 老师。这个身材高大的女人转过身来，笑着看着她的学生。

"我相信你们已经完成了禁闭？"她问。

"是的，完成了。"两个人异口同声地回答。

"所以……在关禁闭期间没有偷偷地跑出去？"老师带着一个顽皮的笑容问。

Elle 点点头。看着 Cade 似乎真的是在思考怎么回答这个问题。Elle 用手肘碰了碰 Cade 的手臂。"哦，嗯……没有。"Cade 说，他的脸都红了。

"很高兴听到你们这么说。你们真准时，他们正准备要介绍你们。跟我来。"Hondulora 老师补充道，她赶紧带着两个人穿过了一系列的门。

"……我希望你们能跟我一起给 Cade 和 Elle 以热烈的掌声！"

Wakefield 校长朝着 Cade 和 Elle 的方向作了个手势，示意他们过来站到他所在的小舞台上。

Cade 笑着看着 Elle，跟在她后面，走上小阶梯，站在校长旁边。整个屋子的学生、老师、来访官员都站起来，热烈地鼓掌。Cade 和 Elle 还不太习惯双子座工作站的冒险经历给他们的生活带来的众多关注，但是他们仍然优雅地笑了，脸有点红。

掌声渐渐平息，校长让观众都坐在自己的位置上。"事情有一些新的进展，我相信 Elle 和 Cade 听到了会很高兴，整个早晨我都一直保存着这些东西。"

Elle 看着 Cade，露出一个疑惑的表情。她每天早上都会关注 Gunther Canvin 和双子座工作站的情况，但是在过去的几天里，并没有新的新闻出现。她发起了一场为 Andrew 争取利益的活动，但是活动进展很缓慢，因为没有足够的支持者发出声音来要求改变 Andrew 在人工智能内的现状。

Cade 耸耸肩，表示他也不知道。

校长看着他的易达利标签，开始读到："首先，发现 Gunther Canvin 有非法入侵和盗窃财产罪状。当局声称他们在一个上锁的房间发现 Gunther Canvin，这个房间中有大量昂贵的古董，并且这些古董上有 Gunther Canvin 的指纹，这些都可以作为起诉 Gunther Canvin 的证据。"

观众鼓掌、欢呼，直到校长举起手来表示还有更多的消息要宣布。

"第二，双子座工作站的站长宣布他们已经与 Holos-sim Experience 签署了一项协议，创建工作站的一个实时冒险，可以让更多的游客追寻 Elle 和 Cade 的脚步到博物馆进行体验。"

Elle 笑着望着 Cade，观众又一次站起来鼓掌。

"最后一点，也是最重要的……"

在继续说话之前校长望着 Cade 和 Elle 笑了一下。

"我们今天有一位特别的客人，他想跟 Elle 和 Cade 说一些话。Andrew，你在哪里？"

Cade 和 Elle 都屏住了呼吸，看着观众席。这是他们期待了很久的。

"是的，亲爱的校长。我在这里，你们好，Elle，Cade。能再次跟你们说话真是太好了。"

Elle 的眼睛流出了激动的泪水，她尝试着说你好。Cade 把手放在 Elle 肩膀上，笑了。

"你好，Andrew。Elle 和我都非常想念你。但是……发生了什么事？"

Cade 的问题引起了观众又一阵笑声，Elle 赶紧擦掉眼泪，说："嗨，Andrew。我已经很努力地希望能改变你目前的处境了。"

"我知道，Elle，我很感激你。我相信你听到我说下面的话会很高兴。"Andrew 说："工作站人工智能被重置，我将会给予完全的访问权限以及允许所有的日常活动。我不用再限制在 Andrew 5.0 体验控制室了。"

Elle 紧紧地拥抱 Cade，观众也站起来鼓掌欢呼。校长没有阻止观众的欢呼，而是稍微退后几步，把这片刻的舞台留给了两个学生。

"一切都会好起来的，Elle。"Cade 说："Andrew 也会好起来的。"

Elle 点点头，观众的掌声和欢呼声渐渐平息。

"Elle，Cade，"Andrew 说："我还有另一个消息，你们听到了会很高兴。"

Cade 和 Elle 交换了一下眼神，他们都在好奇还有什么比这个更好的事情。

"你们学校和双子座工作站建立了伙伴关系。明年我将要在你们学校教授两门课程——一门是电子入门课程，另一门是技术历史。我希望你们可以选其中一至两门课。" Andrew 补充道。

"我也不知道，" Cade 说："电子学课程听起来似乎很枯燥。"

Elle 屏住呼吸，极其震惊地盯着 Cade。

Cade 竭力忍住笑，但是还是忍不住笑了，Elle 推了一下他的肩膀。

"考虑一下收我们为你的第一任学生。" Elle 说，观众席又响起了掌声。

"你们是我的第一任学生，" Andrew 说："而且你们都应该得到 A。"

"谢谢，Andrew，" Cade 说："你是一个优秀的老师。"

"额，Cade……还有一件事。" Andrew 说。

"你说？" Cade 问道。

"我需要把笔记本电脑和工具箱拿回来。如果你加入 Canvin 盗窃的队伍，我会很伤心的。"

Cade 惊奇地看着 Elle。"我觉得 Andrew 变幽默了，你觉得呢？"

Elle 微笑着耸耸肩。"我们不要考验他，好吗？"

Cade 笑着说："Andrew，明天我把它带过来给你。"

"我跟 Cade 一起。" Elle 说。

"太棒了，" Andrew 说："你在就更好了，我还有很多东西需要修理。"

"听起来不错。" Elle 说。

"好，" Cade 说："我也是。"

"你们都去吧，" 校长说："周一回学校再见。"

附录A

零件列表

在附录中，你会看到每个挑战的名字，在名字后面是挑战中所用零件的简短列表。在大部分情况下，我们使用以下格式来帮你找到合适的零件。

公司，描述，产品型号，价格

在这本书的网站会持续更新挑战和原件的列表。访问 www.arduinoadventurer.com，通过链接访问挑战中所用到的零件。我们会在在线列表中更新最新的零件以及制造商正在逐步淘汰的零件，定期检查其更新或修正。

本书付梓之前，我们正试着与一些电子零售商协商，为这本书创建一个零件包。我们计划把你可能需要的所有零件都集合在一起，来节省整体成本和运费，同样也可以让事情变得很简单。再一次提醒，请务必访问 www.arduinoadventurer.com 获取更多的信息。

如果父母不希望年轻读者使用剥线钳，那你可以从器材零售商 RadioShack 买导线套件。这个工具箱称为无焊面包板跳线装备，当前的网址是 www.radioshack.com/product/index. jsp?productId=2103801。

最后，如果列表上某个零件旁边标记了星号，这意味着在挑战中你应该可以找到一个可以替代的兼容性产品。例如，你可以在当地任何一个业余爱好者商店买到合适的伺服电动机。

A.1　挑战 1：电位计

下面是在挑战 1 创建一个电位计的小发明中需要的零件：

- SparkFun，Arduino Uno R3，DEV-11021，29.95（后面的价格均以美元为单位）
- RadioShack，介质无焊面包板，276-003，9.99
- SparkFun，10kΩ 可调电阻器，COM-09806，0.95
- RadioShack，20AWG 实心棒连接导线，278-1222，8.99

USB 电缆（给 Arduino 供电，无图片）

图 A-1 展示了以上除 USB 电缆之外的所有零件。

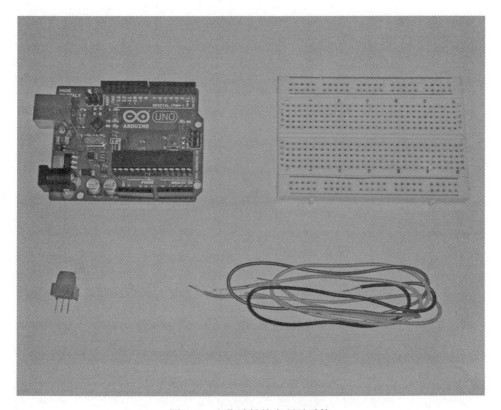

图 A-1　电位计挑战中所需零件

A.2　挑战 2：LED 手电筒

下面是在挑战 2 创建一个 LED 手电筒小发明中需要的零件：

- SparkFun，Arduino Uno R3，DEV-11021，29.95
- RadioShack，20AWG 实心棒连接导线，278-1222，8.99
- SparkFun，9V 插座，PR-09518，2.95
- SparkFun，迷你无焊面包板，PRT-07916，3.95
- SparkFun，迷你按钮，COM-00097，0.35
- RadioShack，10mm LED，276-005，3.19
- SparkFun，330Ω 电阻，COM-08377，0.25
- 9V 电池（给 Arduino 供电，无图片）

图 A-2 展示了除 9V 电池之外的所有零件。

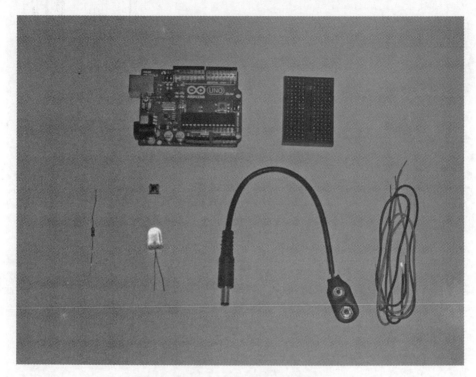

图 A-2　LED 手电筒挑战中所需零件

A.3　挑战 3：测温器

下面是在挑战 3 创建一个测温器的小发明中需要的零件：

- SparkFun，Arduino Uno R3，DEV-11021，29.95
- RadioShack，20AWG 实心棒连接导线，278-1222，8.99
- RadioShack，介质无焊面包板，276-003，9.99
- RadioShack，10mmLED，276-005，3.19
- SparkFun，330Ω 电阻，COM-08377，0.25
- SparkFun，TMP36 温度传感器，SEN-10988，1.50
- USB 电缆（给 Arduino 供电，无图片）

图 A-3 展示了除 USB 电缆之外的所有零件。

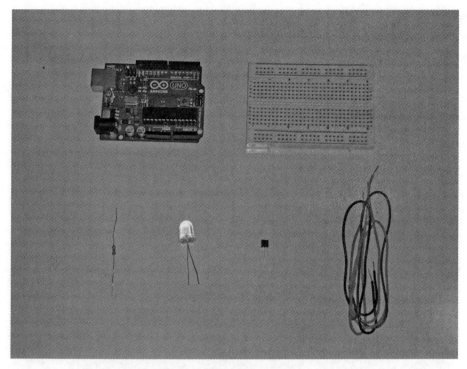

图 A-3 测温器挑战中所需零件

A.4 挑战 4：电动机控制

下面是挑战 4 电动机控制小发明中需要的零件：

- SparkFun，Arduino Uno R3，DEV-11021，29.95
- RadioShack，20AWG 实心棒连接导线，278-1222，8.99
- RadioShack，9V 插塞接头，270-324，2.69
- RadioShack，4 节 AA 电池座与插塞接头，270-383，2.29
- RadioShack，两个接口的终端块，276-1388，3.99
- MPJA，大型无焊面包板，4443 TE，4.95
- SparkFun，迷你按钮，COM-00097，0.35 × 2
- SparkFun，10kΩ 可变电阻器，COM-09806，0.95
- SparkFun，330Ω 电阻，COM-08377，0.25 × 2
- SparkFun，绿色 LED，COM-09592，0.35
- SparkFun，红色 LED，COM-09590，0.35
- Adafruit，6V 直流电动机，711，1.95
- Adafruit，L293D 定速，807，2.50

- DigiKey，六位反相器，296-3542-5-ND，0.63
- 4 节 AA 电池（给电动机供电，无图片）
- USB 电缆（给 Arduino 供电，无图片）

图 A-4 展示了除 USB 电缆以及电池之外的所有零件。

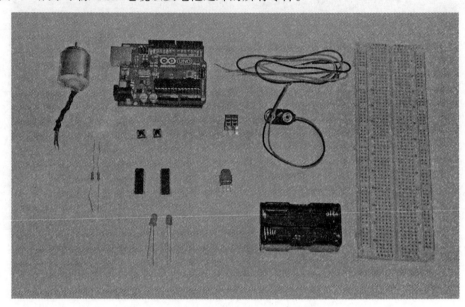

图 A-4　电动机控制挑战中所需零件

A.5　挑战 5：运动检测器

以下是挑战 5 创建运动检测器小发明中需要的零件：

- SparkFun，Arduino Uno R3，DEV-11021，29.95
- RadioShack，20AWG 实心棒连接导线，278-1222，8.99
- SparkFun，9V 插座，PRT-09518，2.95
- RadioShack，介质无焊面包板，276-003，9.99
- SparkFun，6 针母可堆叠头，PRT-09280，0.50
- Maker Shed，PIR 传感器，MKPX6，9.99
- Adafruit，蜂鸣器，160，1.50
- RadioShack，100Ω 电阻，271-1108，1.19
- 9V 电池（为 Arduino 供电，无图片）

图 A-5 展示了除电池之外的所有零件。

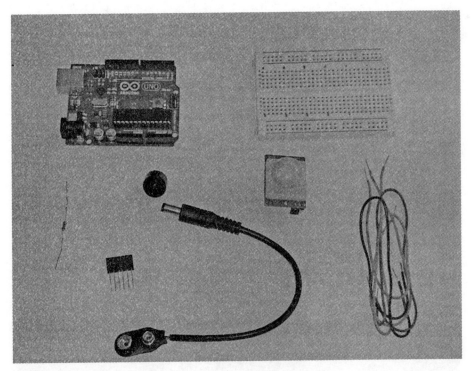

图 A-5 运动检测器挑战中所需零件

A.6 挑战 6：伺服电动机控制

以下是挑战 6 创建伺服电动机控制中需要的零件：

- SparkFun，Arduino Uno R3，DEV-11021，29.95
- SparkFun，9V 插座，PRT-09518，2.95
- RadioShack，9V 插塞接头，270-324，2.69
- RadioShack，4 节 AA 电池座与插塞接头，270-383，2.29
- RadioShack，两个接口的终端块，276-1388，3.99
- RadioShack，20AWG 实心棒连接导线，278-1222，8.99
- Adafruit，单排插针，400，3.00
- MPJA，大型无焊面包板，4443 TE，4.95
- SparkFun，100kΩ 可变电阻器，COM-09806，0.95
- SparkFun，330Ω 电阻，COM-08377，0.25 × 2
- SparkFun，红色 LED，COM-09590，0.35
- Adafruit，伺服，169，5.95*
- 4 节 AA 电池（给伺服供电，无图片）

- 9V 电池（给 Arduino 供电，无图片）

图 A-6 展示了除电池以外的所有零件。

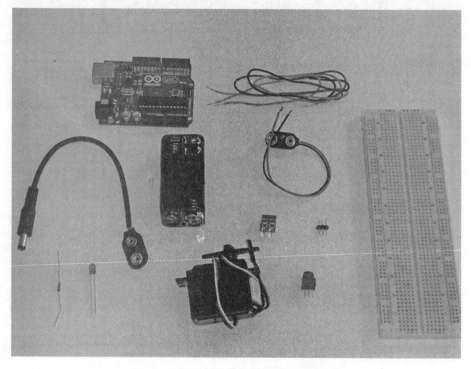

图 A-6　伺服电动机控制挑战中所需零件

A.7　挑战 7：感光电动机控制系统

以下是挑战 7 感光电动机控制系统小发明中需要的零件。

- SparkFun，Arduino Uno R3，DEV-11021，29.95
- RadioShack，9V 插塞接头，270-324，2.69
- RadioShack，4 节 AA 电池座与插塞接头，270-383，2.29
- RadioShack，两个接口的终端块，276-1388，3.99
- RadioShack，20AWG 实心棒连接导线，278-1222，8.99
- Adafruit，单排插针，400，3.00
- MPJA，大型无焊面包板，4443 TE，4.95
- Adafruit，伺服，169，5.95*
- RadioShack，10kΩ 电阻，271-1335，1.19
- SparkFun，迷你光电管，SEN-09088，1.50
- 手电筒

- 4 节 AA 电池（给伺服供电，无图片）
- USB 电缆（给 Arduino 供电，无图片）

图 A-7 展示了除手电筒、电池和 USB 电缆之外的所有零件。

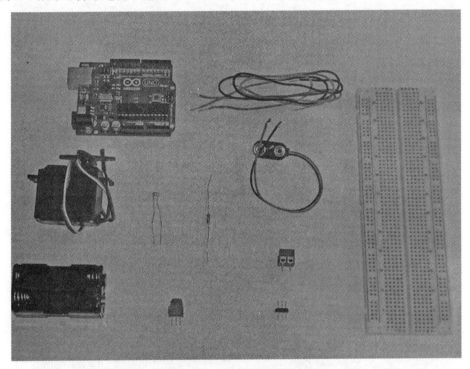

图 A-7　感光电动机控制系统挑战中所需零件

A.8　挑战 8：创建你自己的机器人

以下是挑战 8 创建你自己的机器人中需要的零件：

- SparkFun，Arduino Uno R3，DEV-11021，29.95
- SparkFun，Magician 底盘，ROB-10825，14.95
- RadioShack，20AWG 实心棒连接导线，278-1222，8.99
- RadioShack，介质无焊面包板，276-003，9.99
- RadioShack，4 节 AA 电池座，270-391，2.19
- RadioShack，两个接口的终端块，276-1388，3.99
- Adafruit，L293D 定速，807，2.50
- DigiKey，六位反相器，296-3542-5-ND，0.63
- 4×4 英寸背面带胶的尼龙布
- 8 节 AA 电池（给 Arduino 和电动机供电，无图片）

图 A-8 和图 A-9 展示了除电池之外的所有零件。

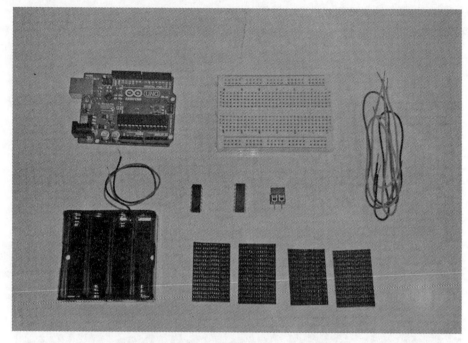

图 A-8　创建你自己的机器人挑战中所需零件

图 A-9　创建你的机器人挑战中的机器人底盘

A.9 工具

另外推荐两个工具：钢丝钳和剥线器，如图 A-10 中所示。

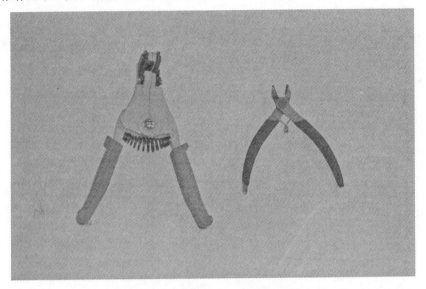

图 A-10 钢丝钳（右）和剥线器（左）

推荐阅读

嵌入式系统软硬件协同设计实战指南：基于Xilinx Zynq

作者：陆佳华 等 ISBN：978-7-111-41107-9 定价：69.00元

兼容ARM9的软核处理器设计：基于FPGA

作者：李新兵 ISBN：978-7-111-37572-2 定价：69.00元

STM32库开发实战指南

作者：刘火良 等 ISBN：978-7-111-42637-0 定价：69.00元

STM32嵌入式系统开发实战指南：FreeRTOS与LwIP联合移植

作者：李志明 等 ISBN：978-7-111-41716-3 定价：69.00元

推荐阅读

FPGA快速系统原型设计权威指南

作者: R.C. Cofer 等　ISBN: 978-7-111-44851-8　定价: 69.00元

硬件架构的艺术：数字电路的设计方法与技术

作者: Mohit Arora　ISBN: 978-7-111-44939-3　定价: 59.00元

ARM快速嵌入式系统原型设计：基于开源硬件mbed

作者: Rob Toulson 等　ISBN: 978-7-111-46019-0　定价: 69.00元

嵌入式软件开发精解

作者: Colin Walls　ISBN: 978-7-111-44952-2　定价: 79.00元

推荐阅读

Arduino高级开发权威指南（原书第2版）

作者: Steven F. Barrett ISBN: 978-7-111-45246-1 定价: 59.00元

例说XBee无线模块开发

作者: Jonathan A. Titus ISBN: 978-7-111-45681-0 定价: 59.00元

Arduino与LabVIEW开发实战

作者: 沈金鑫 ISBN: 978-7-111-45839-5 定价: 59.00元

Arduino开发实战指南：STM32篇

作者: 姚汉 ISBN: 978-7-111-44582-1 定价: 59.00元